Bundesanstalt für Arbeitsschutz
und Arbeitsmedizin

17. aktualisierte Auflage

TÜV Media

Kleine Ergonomische Datensammlung

Prof. Dr. rer. nat. Armin Windel
unter Mitarbeit von:
Dr.-Ing. Tobias Bleyer
Dr.-Ing. Kersten Bux
Dr.-Ing. Georg Brockt
Dipl.-Ing. Bettina Lafrenz
Prof. Dr.-Ing. Hans Lazarus
Dr.-Ing. Sascha Wischniewski

A. Windel

TÜVRheinland

Inhalt

Ergonomie passt die technische Umgebung, besonders bei der Arbeit, dem Menschen an.

Ergonomie umfasst Wissenschaften vom Menschen, der Arbeit und der Technik.

Ergonomie ist also:
- menschbezogen
- interdisziplinär
- praxisorientiert

Die „Kleine Ergonomische Datensammlung“ soll in diesem Sinn Anregungen für die Arbeitsgestaltung vermitteln und eine praktische Hilfe bei der Erfüllung gesetzlicher Anforderungen sein (z. B.: BetrVG, ProdSG, ASiG, ArbSchG, BetrSichV, LastenhandhabV, ArbStättV).

Welche Eigenschaften des Menschen sind bei der ergonomischen Gestaltung von Arbeitsplätzen und technischen Erzeugnissen zu berücksichtigen?

- Körperliche Merkmale:
  - Maße
  - Gewicht
    (ggf. einschl. Schutz- und Spezialkleidung)
- körperliche Fähigkeiten
  - Bewegungsmöglichkeiten
  - Kräfte
  - Geschicklichkeit
  - Leistungsfähigkeit
  - Umgang mit ggf. störenden Umgebungseinflüssen
- geistige Fähigkeiten
  - Informationsaufnahme (v. a. Sehen, Hören, Fühlen)
  - Informationsverarbeitung und -umsetzung
  - Aufmerksamkeit und Wachsamkeit
  - logisches und kreatives Denken
    (ggf. beeinträchtigt durch Stress, Ermüdung, Monotonie)
- individuelle Gegebenheiten
  - Geschlecht
  - Alter
  - Gesundheitszustand
  - Ausbildung, Erfahrung
  - Kultur, Sprache, Sozialstand

Welche Aspekte umfasst eine ergonomische Gestaltung von Arbeitsplätzen und technischen Erzeugnissen?

- Arbeitsaufgabe und -organisation
  - Handlungs- und Bewegungsablauf
  - Informationsaufnahme/Kommunikation
  - Informationsverarbeitung/-umsetzung
  - Aufgabenumfang/-dauer/-wechsel
  - Aufgabengliederung
  - Autonomie in der Aufgabendurchführung
  - Ausbildung zur Aufgabendurchführung
  - zeitliche Lage/Dauer der Arbeit
- Körpereinsatz
  - Stellung: Stehen, Hocken, Sitzen, Liegen
  - Haltung: gestreckt, gebeugt, entspannt
  - Bewegung: Gehen, Heben, Tragen, Halten
- Umgebungseinflüsse
  - Licht/Farbe
  - Lärm
  - Klima
  - Erschütterungen
  - Staub, Gase, Dämpfe
  - Schmutz, Nässe
  - elektromagnetische Strahlung
  - elektrostatische Aufladung
- Gefährdungen
  - mechanische: Stoßen, Schneiden, Quetschen, Abscheren, Stechen, Ausrutschen, Stolpern, Fallen, getroffen werden von sich bewegenden Gegenständen oder Spritzern

– elektrische: Strom, elektromagn. Strahlung
– weitere physikalische: Hitze, Kälte, Schall, Licht, Funken
– chemische und biologische: Gefahrstoffe, Krankheitserreger, Sauerstoffmangel

Anhand welcher Kriterien lassen sich Arbeitsplätze und technische Erzeugnisse ergonomisch gestalten?

- Allgemeine Kriterien
  - Notwendigkeit
  - Zweckmäßigkeit, Wirksamkeit
  - Einfachheit
  - Schnelligkeit, Leistung
  - Genauigkeit
  - Zuverlässigkeit
  - keine Fehlhandlungsmöglichkeit
  - leichte Erlernbarkeit
  - Gebrauchstauglichkeit
- spezielle Kriterien zur Erfüllung der Aufgabe
  - Sicht-, Beobachtungs- und Kontrollmöglichkeit, Wahrnehmbarkeit, Verständlichkeit, Erkennbarkeit, Unterscheidbarkeit, Übersichtlichkeit
  - Erreichbarkeit, Möglichkeit eines schnellen Tätigkeitswechsels
  - Greifbarkeit, Griffigkeit
  - Eindeutigkeit, Sinnfälligkeit
  - Ausschluss unbefugter Betätigung

- spezielle Kriterien zur Rückwirkung der Tätigkeit/des Produkteinsatzes
  - Sicherheit
  - keine Gesundheitsbeeinträchtigung
  - angemessene Belastung/Beanspruchung
  - Vermeiden von Ermüdung/Monotonie
  - keine Über-/Unterforderung
  - keine Belästigung
  - Ermöglichen von Zufriedenheit
- weitere Kriterien
  - Berücksichtigung von Wichtigkeit, Häufigkeit, Reihenfolge, Gleichzeitigkeit
  - Zugänglichkeit, Möglichkeit des schnellen Ortswechsels
  - Bewegungsfreiheit, keine Behinderungen
  - Hygiene, Sauberkeit, Hautfreundlichkeit
  - Reinigungsmöglichkeit

In welchen betrieblichen Funktionsbereichen und Phasen sollte ergonomische Gestaltung beteiligt sein?

- Herstellung, Montage
- Versand, Transport
- Aufstellung
- Anlaufen, Auslaufen
- Gebrauch, Benutzung
- Instandhaltung (Inspektion, Wartung, Instandsetzung)
- Lagerung
- Außerbetriebnahme
- Demontage, Vernichtung

Körpermaße von in Deutschland wohnenden Erwachsenen (gemittelte Werte für die Altersgruppen der 18- bis 65-jährigen)

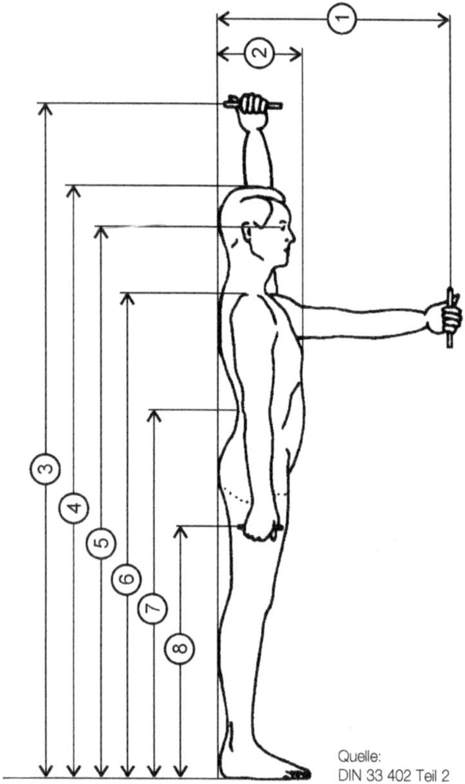

Quelle:
DIN 33 402 Teil 2

Abmessungen in cm	Perzentile* männlich 5 %	50 %	95 %	weiblich 5 %	50 %	95 %
1. Reichweite nach vorn	68,5	74,0	81,5	62,5	69,0	75,0
2. Körpertiefe	26,0	28,5	38,0	24,5	29,0	34,5
3. Reichweite nach oben beidarmig	197,5	207,5	220,5	184,0	194,5	202,5
4. Körperhöhe	165,0	175,0	185,5	153,5	162,5	172,0
5. Augenhöhe	153,0	163,0	173,5	143,0	151,5	160,5
6. Schulterhöhe	134,5	145,0	155,0	126,0	134,5	142,5
7. Ellenbogenhöhe u. d. Standfläche	102,5	110,0	117,5	96,0	102,0	108,0
8. Höhe d. Hand über der Standfläche	73,0	76,5	82,5	67,0	71,5	76,0
9. Hüftbreite stehend	34,0	36,0	38,5	34,0	36,5	40,0
10. Schulterbreite	44,0	48,0	52,5	39,5	43,5	48,5

* Das 5. Perzentil repräsentiert Körpermaße „klein“, 5 % aller Werte liegen unter diesem Grenzwert; das 50. Perzentil repräsentiert Körpermaße „mittelgroß“, je 50 % aller Werte liegen über und unter diesem Wert; das 95. Perzentil repräsentiert Körpermaße „groß“, 5 % aller Werte liegen über diesem Grenzwert. S. Seite 16.

Körpermaße von in Deutschland wohnenden Erwachsenen (gemittelte Werte für die Altersgruppen der 18- bis 65-jährigen)

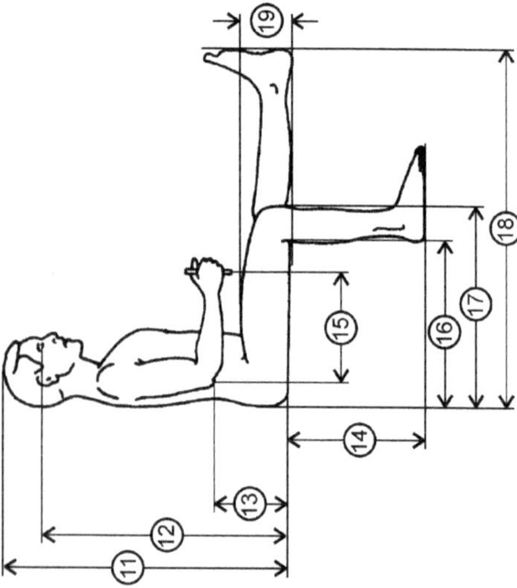

Anmerkung:
Die in der Tabelle auf der folgenden Seite genannten Maße Nr. 20 und 21 können in der seitlichen Darstellung des Menschen nicht abgebildet werden.

Abmessungen in cm	Perzentile* männlich 5 %	50 %	95 %	weiblich 5 %	50 %	95 %
11. Sitzhöhe	85,5	91,0	96,5	81,0	86,0	91,0
12. Augenhöhe im Sitzen	74,0	79,5	85,5	70,5	75,5	80,5
13. Ellenbogenhöhe über der Sitzfläche	21,0	24,0	28,5	18,5	23,0	27,5
14. Länge d. Unterschenkels m. Fuß (Sitzflächenhöhe)	41,0	45,0	49,0	37,5	41,5	45,0
15. Ellenbogen-Griffachsen-Abstand	32,5	35,0	39,0	29,5	31,5	35,0
16. Sitztiefe	45,0	49,5	54,0	43,5	48,5	53,0
17. Gesäß-Knie-Länge	56,5	61,0	65,5	54,5	59,0	64,0
18. Gesäß-Bein-Länge	96,5	104,5	114,0	92,5	99,0	105,5
19. Oberschenkelhöhe	13,0	15,0	18,0	12,5	14,5	17,5
20. Breite ü. d. Ellenbogen	41,5	48,0	55,5	39,5	48,5	55,5
21. Hüftbreite sitzend	35,0	37,5	42,0	36,0	39,0	46,0

Quelle: DIN 33402, Teil 2 und Fb 1023 der BauA

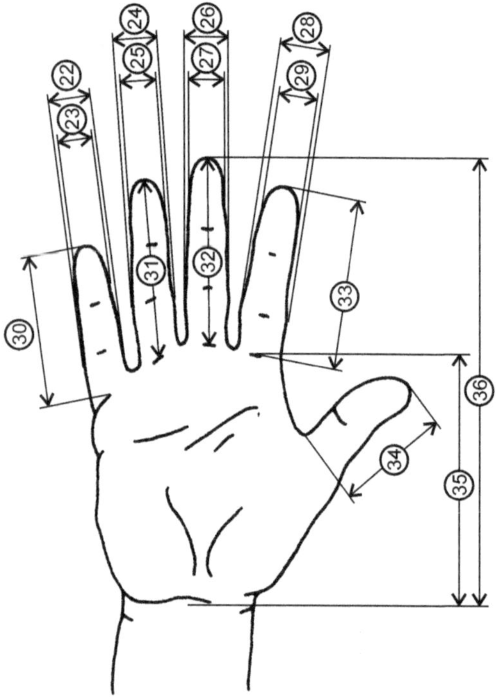

(nach DIN 33402, Teil 2)

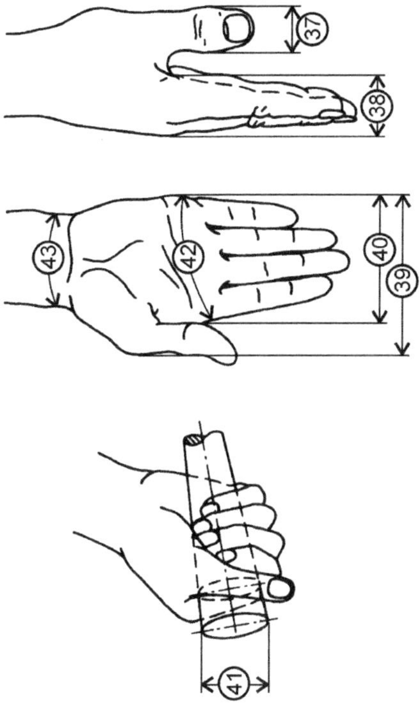
37
38
40
39
43
42
41

Abmessungen in cm	Perzentile* männlich 5 %	50 %	95 %	weiblich 5 %	50 %	95 %
22. Kleinfingerbreite, proximal (nahe dem Handteller)	1,5	1,7	1,9	1,2	1,4	1,7
23. Kleinfingerbreite, distal (nahe der Fingerspitze)	1,4	1,5	1,7	1,1	1,3	1,6
24. Ringfingerbreite, proximal	1,7	2,0	2,1	1,5	1,7	1,9
25. Ringfingerbreite, distal	1,5	1,6	1,8	1,3	1,6	1,8
26. Mittelfingerbreite, proximal	1,9	2,1	2,3	1,7	1,9	2,2
27. Mittelfingerbreite, distal	1,6	1,7	1,9	1,4	1,7	1,9
28. Zeigefingerbreite, proximal	1,9	2,1	2,3	1,7	1,9	2,1
29. Zeigefingerbreite, distal	1,7	1,8	2,0	1,4	1,6	1,8

22 bis 29 jeweils am Gelenk gemessen

nach DIN 33402, Teil 2

Abmessungen	Perzentile*					
	männlich			weiblich		
in cm	5 %	50 %	95 %	5 %	50 %	95 %
30. Kleinfingerlänge	5,7	6,4	7,2	5,1	5,9	6,6
31. Ringfingerlänge	7,2	8,0	8,7	6,5	7,3	8,1
32. Mittelfingerlänge	7,6	8,4	9,3	7,1	7,7	8,6
33. Zeigefingerlänge	6,8	7,5	8,3	6,2	6,9	7,7
34. Daumenlänge	5,9	6,8	7,5	5,3	6,0	6,9
35. Handflächenlänge	10,4	11,1	12,1	9,2	10,0	10,8
36. Handlänge	17,5	18,9	20,7	16,2	17,7	19,3
37. Daumenbreite	2,0	2,2	2,4	1,6	2,0	2,2
38. Handdicke	2,4	3,0	3,1	2,1	2,6	3,2
39. Handbreite m. Daumen	9,8	10,7	11,7	8,2	9,0	9,9
40. Handbreite	8,0	8,7	9,4	7,0	7,7	8,4
41. Griffumfang der Hand	12,0	13,5	15,5	11,0	13,0	15,5
42. Handumfang	19,5	21,0	23,0	17,5	19,5	21,0
43. Handgelenkumfang	16,0	17,5	19,0	15,0	16,5	18,0

37 am Gelenk gemessen

nach DIN 33402, Teil 2

Berechnung von Perzentilen:

1. Perzentil = $\bar{x} - 2{,}33\ s$
3. Perzentil = $\bar{x} - 1{,}88\ s$
5. Perzentil = $\bar{x} - 1{,}65\ s$
10. Perzentil = $\bar{x} - 1{,}28\ s$
20. Perzentil = $\bar{x} - 0{,}84\ s$
25. Perzentil = $\bar{x} - 0{,}67\ s$
50. Perzentil = $\bar{x}$
75. Perzentil = $\bar{x} + 0{,}67\ s$
80. Perzentil = $\bar{x} + 0{,}84\ s$
90. Perzentil = $\bar{x} + 1{,}28\ s$
95. Perzentil = $\bar{x} + 1{,}65\ s$
97. Perzentil = $\bar{x} + 1{,}88\ s$
99. Perzentil = $\bar{x} + 2{,}33\ s$

Das n-te Perzentil (z. B. das 10. Perzentil) ist der Grenzwert, unter dem n % (hier 10 %) der Gesamtheit der Messwerte liegen; es liegen also 100 % – n % (hier 90 %) über diesem Grenzwert. Die Berechnung von Perzentilwerten aus Mittelwert ($\bar{x}$) und Standardabweichung (s) ist nur möglich, wenn die Messwerte normal verteilt sind (Gauß- bzw. Glockenkurve). Dies ist für die meisten in der Natur vorkommenden Größen der Fall. Das 50. Perzentil wird als Konstruktionsmerkmal in fast allen Fällen den Anforderungen nicht gerecht, da es 50 Prozent der Benutzer ausschließt. Je nach Konstruktionsmerkmal wird z. B. das 5. oder das 95. Perzentil eingesetzt (ggf. mit Sicherheitszuschlägen).

Konstruktionsgrößen, für die bestimmte Benutzergruppen maßgebend sind

Konstruktions-größen	Beispiel	maßgebende Benutzer
Außenmaße	Greifraum, Sehhöhe	Kleine, z. B. 5. Perzentil
Innenmaße	Beinfreiraum, Durchgangs-höhe	Große, z. B. 95. Perzentil
Kräfte	Betätigen	Schwache, z. B. 5. Perzentil
Kräfte	Bruch-sicherheit	Stärkste, z. B. 99. Perzentil

siehe Kapitel „Sicherheitsgerechte Konstruktionsmaße“

Bewegungsbereiche und bequeme Einstellbereiche für Körperhaltungen

(nach IWA – F. Riehle)

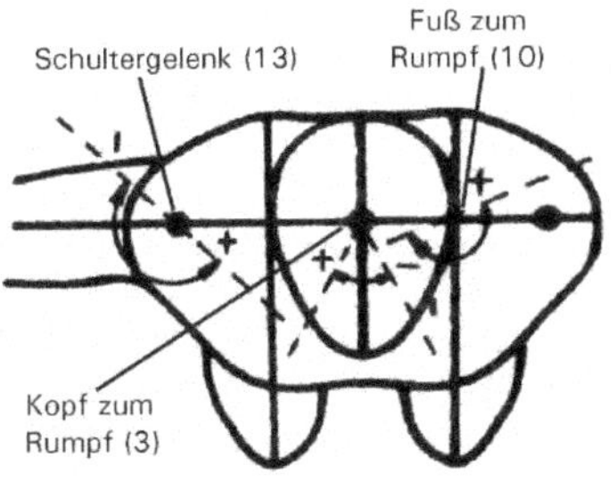

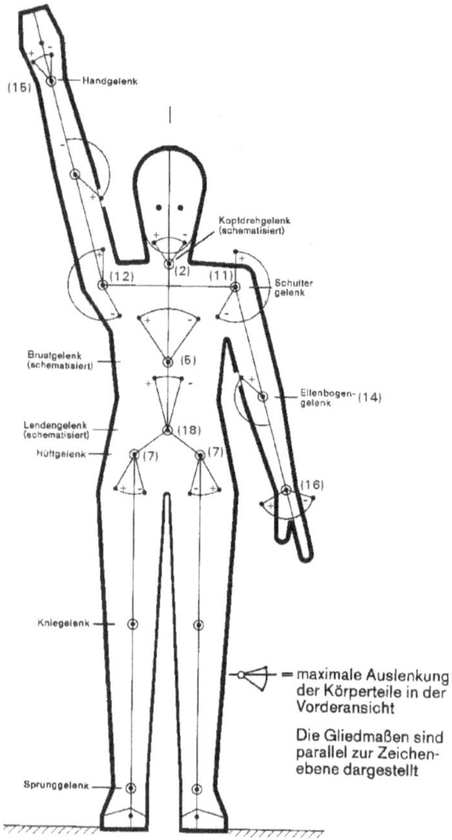

(15)
Handgelenk
Kopfdrehgelenk
(schematisiert)
(2)
(12)
(11)
Schulter
gelenk
Brustgelenk
(schematisiert)
(5)
Ellenbogen-
gelenk
(14)
Lendengelenk
(schematisiert)
(18)
Hüftgelenk
(7)
(7)
(16)
Kniegelenk
Sprunggelenk
= maximale Auslenkung der Körperteile in der Vorderansicht
Die Gliedmaßen sind parallel zur Zeichenebene dargestellt

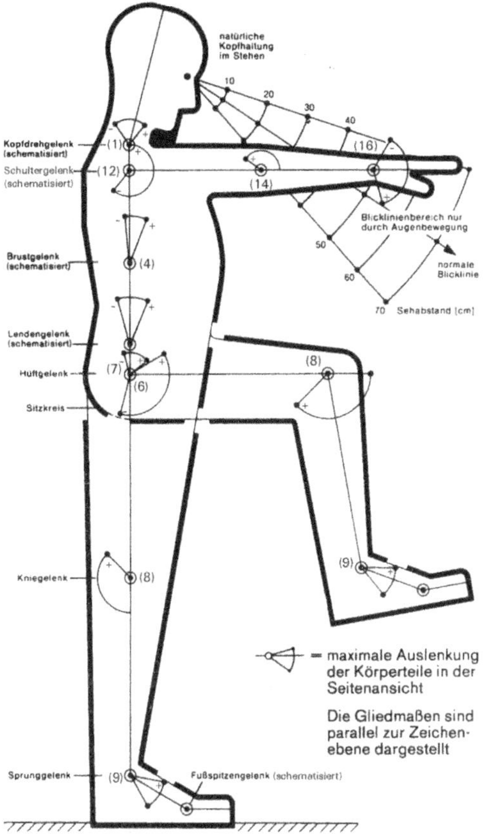

natürliche Kopfhaltung im Stehen
10
20
30
40
Kopfdrehgelenk (schematisiert)
(1)
(16)
Schultergelenk (schematisiert)
(12)
(14)
Blicklinienbereich nur durch Augenbewegung
50
60
70
Sehabstand [cm]
normale Blicklinie
Brustgelenk (schematisiert)
(4)
Lendengelenk (schematisiert)
Hüftgelenk
(7)
(6)
(8)
Sitzkreis
Kniegelenk
(8)
(9)
= maximale Auslenkung der Körperteile in der Seitenansicht
Die Gliedmaßen sind parallel zur Zeichenebene dargestellt
Sprunggelenk
(9)
Fußspitzengelenk (schematisiert)

Bewegungsbereiche und bequeme Einstellbereiche für Körperhaltungen

Nr.	Körpergliederstellung	Gelenke	Bewegung	maximale Winkel/°	maximaler Bereich/°	bequemer Einstellbereich/°
1	Kopf zum Rumpf	„Kopfgelenk“	beugen vor/zurück	+ 40 ... - 35[1])	75	+ 12 ... + 25
2			neigen rechts/links	+ 55 ... - 55[1])	110	0
3			drehen rechts/links	+ 55 ... - 55[1])	110	0
4	Rumpf in sich	„Brust-, Lendengelenk“	beugen vor/zurück	+ 100 ... - 50[1])	150	0
18			neigen rechts/links	+ 50 ... - 50[1])	100	0
5			drehen rechts/links	+ 50 ... - 50[1])	100	0
6	Oberschenkel zum Rumpf	Hüftgelenk	beugen vor/zurück	+ 120 ... - 15	135	0 (+85 ... + 100)[2])
7			zur Seite auswärts/einwärts	+ 30 ... - 15	45	0

8	Unter-Schenkel zum Obersch.	Kniegelenk	schwenken vor/zurück	0 ... - 135	135	0 (-95 ... - 120)[2])
9	Fuß zum Unterschenkel	Fußgelenk	schwenken n. oben/unten	+ 110 ... + 55	55	+ 85 ... + 95
10	Fuß zum Rumpf	Hüftg., Unterschenkel Fußg.	drehen auswärts/einwärts	+ 110 ... - 70[1])	180	0 ... + 15
11	Oberarm zum	Schulterg.	schwenk, auswärts/einwärts	+ 180 ... - 30[1])	210	0
12	Rumpf	(Schlüsselbein)	schwenken auf/ab	+ 180 ... - 45[1])	225	0 (+ 15 ... + 35)[3])
13			schwenken vor/zurück	+ 140 ... - 40[1])	180	+ 40 ... + 90
14	Unterarm zum Oberarm	Ellbogengelenk	beugen/strecken	+ 140 ... 0	140	+ 85 ... + 110

Nr.	Körper-glieder-stellung	Gelenke	Bewegung	maximale Winkel/°	maximaler Bereich/°	bequemer Einstellbereich/°
15	Hand zum Unterarm	Hand-gelenk	schwenken auswärts/ einwärts	+ 30 ... - 20	50	0[5])
16			beugen/ strecken	+ 75 ... - 60	135	0
17	Hand zum Rumpf	Schulter gelenk/ Unterarm	drehen links/rechts	+ 130 ... - 120	250	+ 60 ... - 30

Anmerkungen:

– Die angegebenen maximalen Winkelstellungen gelten für den Normalfall. Sie sind im höheren Alter meist deutlich eingeschränkt. Außerdem können sie bei dickerer Kleidung geringer sein.

– Durch Überlagerung der Winkelstellungen in einer mehrgliedrigen Kette ergeben sich größere Gesamtbewegungsbereiche (z. B. Kopfbeugung und Rumpfbeugung).

[1]) aus der Überlagerung der angegebenen Gelenkbewegung

[2]) Klammerwerte für Sitzen

[3]) Klammerwerte für Manipulieren vor dem Körper

[4]) für Stellung der flachen Hand parallel zur Rumpfseite als Ausgangsstellung

[5]) Greifwinkel der ganzen Hand gegen Querachse der Hand: 12° nach unten zum Caumen

Zweidimensionale Messpuppen (Schablonen)

Für die maßliche Auslegung von Sitzplätzen, insbesondere an Arbeitsplätzen, sowie die Zuordnung von Sitzen, Arbeitsflächen und Stellteilen gibt es zeichnerische und prüftechnische Hilfsmittel, wie z. B. hier am Beispiel eines Mannes an einem Registraturarbeitsplatz dargestellt. Diese in DIN 33408-1 näher beschriebenen zweidimensionalen Messpuppen in unterschiedlichen Größen (Perzentilen) entsprechen den Körpermaßen nach DIN 33402. Ihre Gelenke sind zum Teil empirisch ermittelte Konstruktionen nach Jürgens et al. (1975).

Die Bezugsquelle der Schablonen (Fa. IWA-F. Riehle GmbH & Co.) finden Sie im Literaturverzeichnis

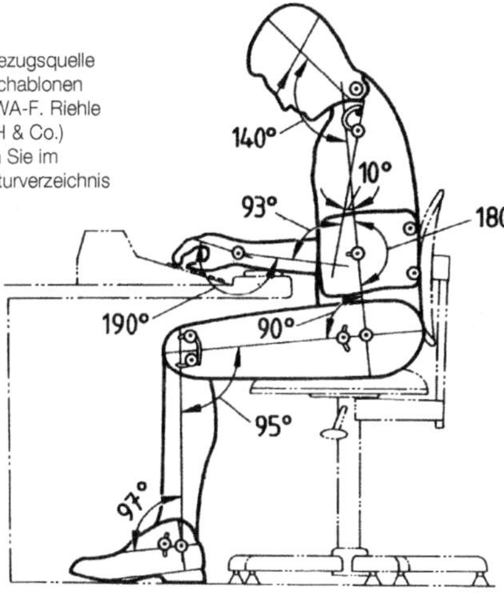

Mindestwerte für Platzabmessungen bei verschiedenen Körperhaltungen

(Maße in cm)

Hocken

Kniebeuge

Knien

Bezeichnung (s. Seite 24)	Bezeichnung der Arbeitsplatzsituation	Mindestwert	Bevorzugter Wert	Beim Tragen von Kälteschutzkleidung
	Arbeit im Hocken			
A	Höhe	120	–	130
B	Breite	70	92	100
	Arbeit in Kniebeuge			
C	Breite	90	102	110
	Arbeit im Knien			
D	Breite	110	120	130
E	Höhe	145	–	150
F	Handhöhe über Boden		70	

(Maße in cm) (nach MIL-HDBK-759C(2), Ausgabe von 03.1998)

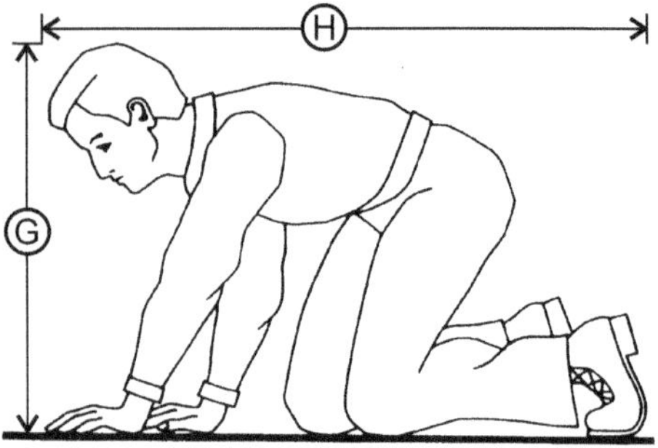

Kriechen

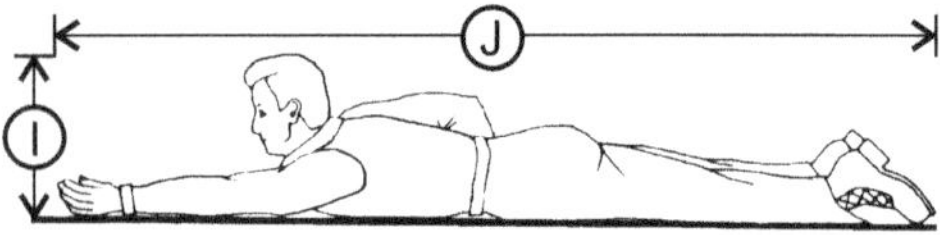

Arbeit im Liegen (bäuchlings)

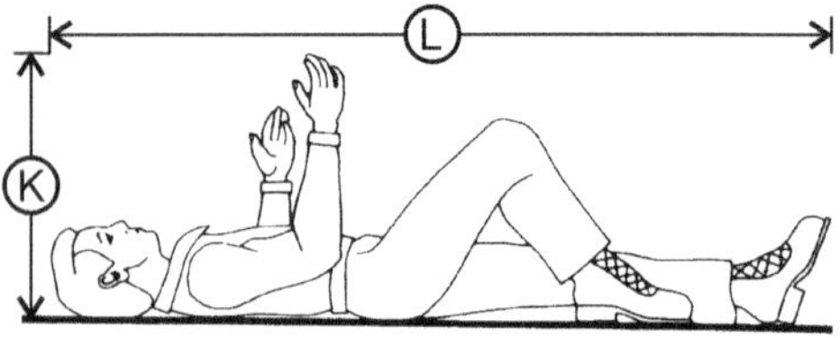

Arbeit im Liegen (Rückenlage)

Bezeichnung (s. Seite 26)	Bezeichnung der Arbeitsplatzsituation	Minimalwert	Bevorzugter Wert	Beim Tragen von Kälteschutzkleidung
	Arbeit im Kriechen			
G	Höhe	80	90	95
H	Länge	150	–	–
	Arbeit im Liegen (bäuchlings)			
I	Höhe	45	50	60
J	Länge	245	–	–
	Arbeit im Liegen (Rückenlage)			
K	Höhe	50	60	65
L	Länge	190	195	200

(Maße in cm)

(nach MIL-HDBK-759C(2), Ausgabe von 03.1998)

Analysemethode zur Bestimmung der Hauptarbeitshaltung (z. B. DIN EN ISO 14738):

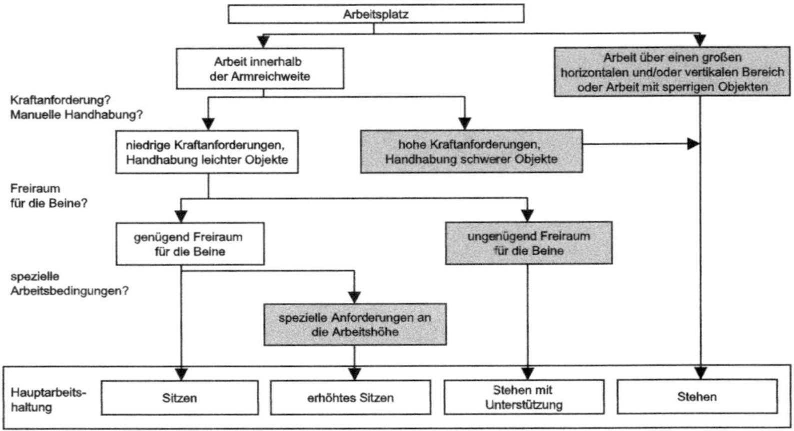

möglichst neu gestalten; Körperhaltung nur dann wählen, wenn Neugestaltung nicht möglich

6 Arbeitsplatzgrundtypen:

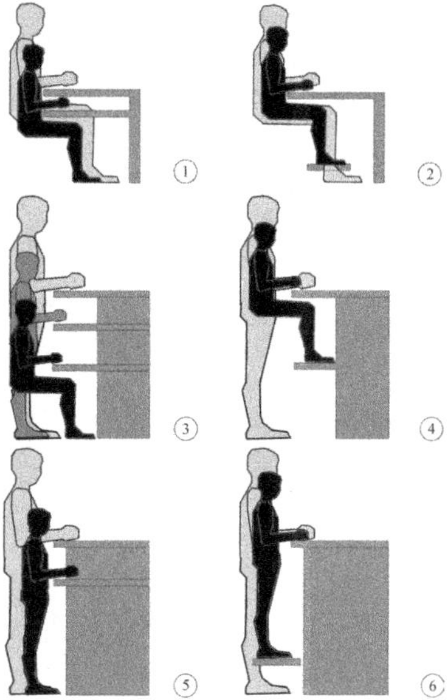

Typ 1: Sitz-Arbeitsplatz höhenverstellbar

Typ 2: Sitz-Arbeitsplatz nicht höhenverstellbar (Tischhöhe angepasst an 95. Perzentil)

Typ 3: Sitz-Steh-Arbeitsplatz höhenverstellbar

Typ 4: Sitz-Steh-Arbeitsplatz nicht höhenverstellbar (Tischhöhe angepasst an 95. Perzentil)

Typ 5: Steh-Arbeitsplatz höhenverstellbar

Typ 6: Steh-Arbeitsplatz nicht höhenverstellbar (Tischhöhe angepasst an 95. Perzentil

Hinweis: Gestaltungsmaße siehe DIN EN ISO 14738 und DGUV Information 215-410

Steh-Arbeitsplätze für Frauen bzw. Männer

Beinraumtiefe (Knie): mind. = 80 mm
Fußraumtiefe: mind. = 150 mm
Höhe des Fußfreiraums: mind. = 120 mm
Beinraumbreite: mind. 600 mm

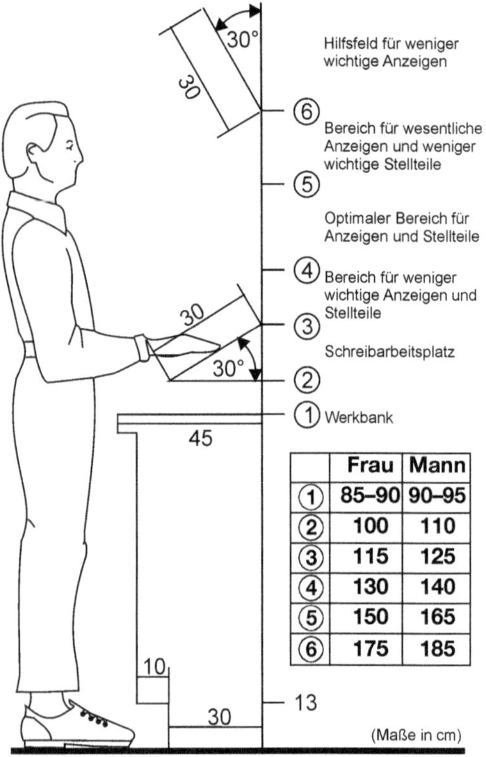

	Frau	Mann
①	85–90	90–95
②	100	110
③	115	125
④	130	140
⑤	150	165
⑥	175	185

(Maße in cm)

Steh-Arbeitsplätze mit Körperunterstützung

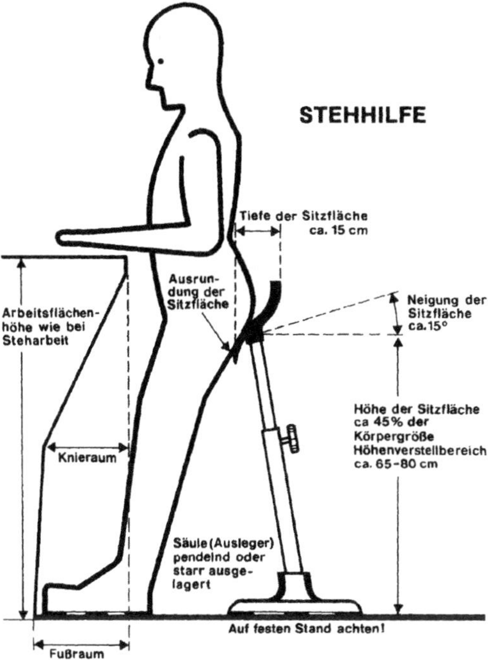

Empfehlung: Knieraum ca. 25 cm
Fußraum ca. 45 cm

Eine Stehhilfe soll bis zu 60% des Körpergewichtes aufnehmen und somit Beine und Füße entlasten

Büroarbeitsplatz

Tisch + Stuhl (+ Fußstütze) = ein System
Beispiel: Büro-Arbeitsplatz (Maße in cm)

Büro-Arbeitsstuhl: DIN EN 1335
Büro-Arbeitstisch: DIN 527
DIN EN ISO 9241-5

Fußstütze: DIN 4556
weitere Maße siehe DGUV 215-410

höhenverstellbar^{m}:
sitzend: 68–76 (empfohlen: < 62–85)
stehend: 95–118 (empfohlen: 95–125)
sitzend & stehend: 68–118
(empfohlen: < 62–125)

fest:
sitzend: 74 (± 2,0)
stehend: 105 (± 2,0)
sitzend & stehend: 68–118
(empfohlen: < 62–125)
nur bei Bedarf (starre Tischhöhe)

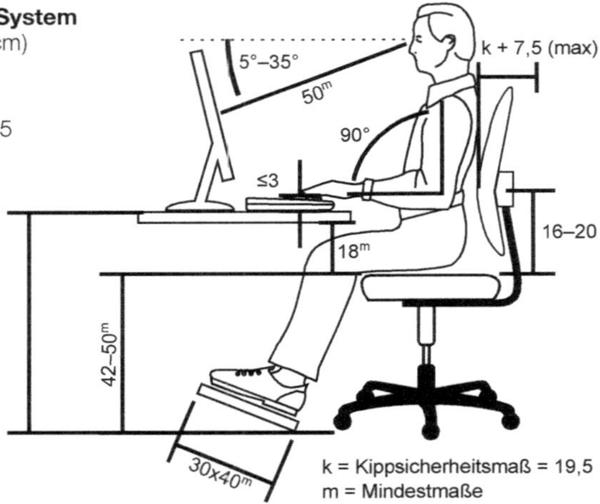

Höhenverstellbereich von Fußstützen oder Fußpodesten:

- 0 bis 110 mm

Beinraumbreite:

- mind. 850 mm (empfohlen 1200 mm)

Beinraumhöhe (gemessen an Arbeitskante):

- sitzend (feste Höhe): 842 mm (maximale Höhe),
- sitzend (vollständig höhenverstellbar oder -einstellbar): 580 mm (Mindesthöhe)

Beinraumtiefe:

- mind. 800 mm

Tischplatte (maximale Dicke gemessen an der Vorderkante für Sitzarbeitstische bzw. Sitz-/Steh-Arbeitstische):

- vollständig höhenverstellbar und höheneinstellbar: 55 mm
- feste Höhe: 70 mm

Schalter-Arbeitsplatz

	Frau (18-65 Jahre)			Mann (18-65 Jahre)		
	5. Perz.	50. Perz.	95. Perz.	5. Perz.	50. Perz.	95. Perz.
1	143 (147,5)	151,5 (156)	160,5 (165)	153 (156)	163 (166)	173,5 (176,5)
2	37,5 (42)	41,5 (46)	45 (49,5)	41 (44)	45 (48)	49 (52)
3	35	34,5	35	38	38,5	39
	(Klammerwert: inkl. 4,5 cm Absatz)			(Klammerwert: inkl. 3 cm Absatz)		

Alle Angaben in cm

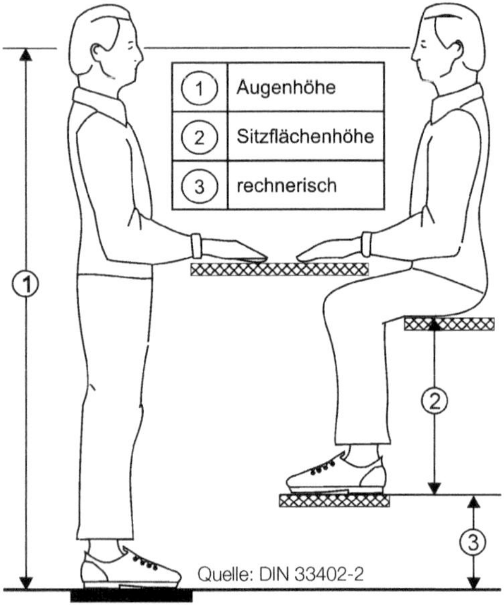

Hinweis zu Kassenarbeitsplätzen siehe DGUV Information 208-002 & –003, DGUV Regel 108–005

① = Beidhandzone ② = Einhandzone ③ = erweiterte Einhandzone

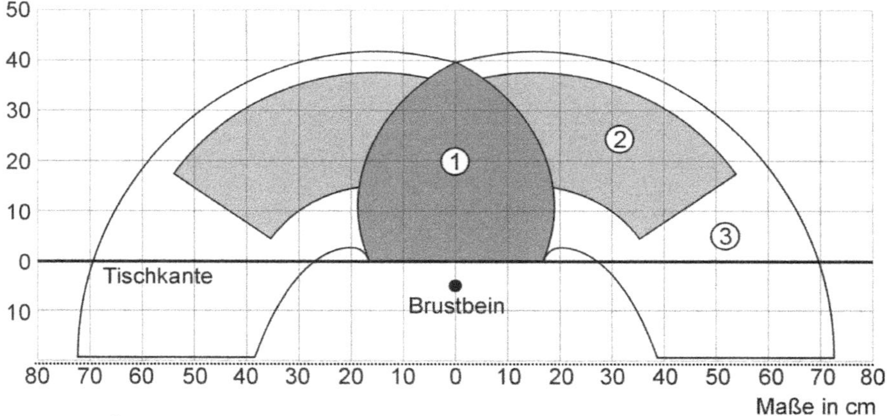

GREIFFLÄCHEN in der Tischebene (ca. 20 cm über Sitzebene)
Greifraumhöhe: max 730 mm (bevorzugt 505 mm)
Greifraum für häufig benutzte Arbeitsmittel bis zu 300 mm

Sitzgelegenheiten

Im Zeitalter der modernen Informations- und Kommunikationsgesellschaft werden nahezu alle Tätigkeiten im Büro- und Verwaltungsbereich im Sitzen ausgeübt. Aber auch im verarbeitenden Gewerbe nimmt die Anzahl an reinen Steharbeitsplätzen immer weiter ab. Dies hat gute Gründe, denn Stehen ist im Vergleich zum Sitzen mit einer Reihe von Nachteilen verbunden (z. B. höherer Energieaufwand, Belastungen des Stütz- und Bewegungsapparates, geringere Stabilität des Oberkörpers). Aus diesem Grund müssen Sitzgelegenheiten zur Verfügung stehen, die unfallsicher sind sowie dem Arbeitsablauf und der Handhabung der Betriebseinrichtungen entsprechen. Konkrete Anforderungen an Sitzgelegenheiten im Produktionsbereich und für das Büro werden auf den nächsten Seiten und auf Seite 43 spezifiziert. Auf der anderen Seite treten auch an Arbeitsplätzen, an denen häufig im Sitzen gearbeitet wird, gesundheitliche Probleme in Form von muskuloskeletalen Beschwerden auf. So kann häufiges, ununterbrochenes und vor allem statisches Sitzen zu Beeinträchtigungen des Binde- und Stützgewebes, des Herz- und Kreislaufsystems sowie des Nervensystems führen. Die zur Prävention von Muskel- und Skeletterkrankungen notwendige Bewegung lässt sich durch die sogenannte Steh-Sitzdynamik verwirklichen. Diese kann insbesondere durch die Bereitstellung geeigneter Arbeitsmittel (z. B. höhenverstellbare Arbeitsebene – sofern möglich) und durch eine sinnvolle Verteilung der

Arbeitsaufgaben, die sitzende, stehende Tätigkeiten und Bewegung (z. B. Gehen) kombiniert, erreicht werden. In der DIN EN ISO 6385 wird dies folgendermaßen festgehalten: "Bei länger dauernden Aufgaben muss der Arbeitende in der Lage sein, seine Haltung zu ändern, z. B. durch einen Wechsel zwischen Sitzen und Stehen oder eine dazwischenliegende Haltung (z. B. mittels des Gebrauchs eines Sitz-/Steh-Stuhls). Das Sitzen ist normalerweise vorzuziehen, auch wenn der Arbeitsablauf das Stehen erfordert. Bei länger andauernden Aufgaben sind hockende oder kniende Positionen zu vermeiden."

Hinweis: Der Arbeitsplatz mit Höhenverstellung wird in der Betriebssicherheitsverordnung § 6 (1) Nr. 1 (die Arbeitsmittel einschließlich ihrer Schnittstelle zum Menschen müssen an die körperlichen Eigenschaften und die Kompetenz der Beschäftigten angepasst sein [...]) und in der TRBS 1151 als geeignete Präventionsmaßnahme empfohlen.

Flächennutzung im Büro

(vgl. auch ArbStättV und DGUV Inform. 215-410)

Die freie unverstellte Fläche am Arbeitsplatz muss so bemessen sein, dass sich die Beschäftigten bei ihrer Tätigkeit ungehindert bewegen können. Ist dies nicht möglich, muss den Beschäftigten in der Nähe des Arbeitsplatzes eine andere ausreichend große Bewegungsfläche zur Verfügung stehen. Als Richtmaße haben sich bewährt: An jedem Arbeitsplatz soll die freie unverstellte Bewegungsfläche mindestens 1,50 m^2 betragen. Sie soll an keiner Stelle weniger als 1,00 m tief sein. Hieraus ergibt sich eine Benutzerfläche von 1000 mm Tiefe. Diese Benutzerfläche benötigen die Beschäftigten am Arbeitsplatz, um unterschiedliche Körperhaltungen einnehmen und dynamisch sitzen zu können.

Stühle im Produktionsbereich

Bei Stühlen (Sitzen) im Produktionsbereich, die meist starken Belastungen ausgesetzt sind, ist auf Folgendes besonders zu achten:

- hohe mechanische Festigkeit, denn der Stuhl wird als „dynamische Sitzmaschine“ benutzt;
- gute Verstellmöglichkeiten, denn der Stuhl muss im Mehrschichtenbetrieb häufig verschiedenen Körpergrößen angepasst werden;
- Korrosionsbeständigkeit, denn der Sitz ist häufig aggressiven Medien ausgesetzt;

- auswechselbare, atmungsaktive Polsterung mit haltbarem Kantenschutz, denn sie wird im 16- bis 24-stündigen täglichen Einsatz besonders strapaziert;
- in Tiefe und Höhe verstellbare und pendelnd gelagerte Rückenlehne;
- mind. fünf Auflagenpunkte des Untergestells;
- für Hochstühle (Sitzhöhe über 650 mm): rutschhemmende Aufstiegshilfe vorsehen;
- Rollen nur für Stühle, deren Sitzhöhe nicht höher als 650 mm einstellbar ist (entsprechend dem Bodenbelag);
- bei einer (einstellbaren) Sitzhöhe von 500 mm und kleiner wird eine Stoßdämpfung für das Hinsetzen benötigt;
- müssen dem Arbeitsablauf und der Handhabung der Betriebseinrichtung entsprechen und unfallsicher sein.

Details siehe DIN 68877 und DIN EN 1335.

Arbeitswissenschaftliche Erkenntnisse zur Bildschirmarbeit für die ortsgebundene Verwendung an Arbeitsplätzen*

Anforderungen an Arbeitsplätze, in denen Bildschirmgeräte eingesetzt werden, sind in der Arbeitsstättenverordnung (ArbStättV) festgeschrieben. Hier finden sich allgemeine Anforderungen an das Bildschirmgerät, an Merkmale des Arbeitsplatzes, an die Arbeitsumgebung und die -organisation sowie an die verwendete Software.

Spezifische Anforderungen ergeben sich aus arbeitswissenschaftlichen Erkenntnissen. Die wesentlichen zur Bildschirmarbeit, insbesondere im Bürobereich, sind nachfolgend zusammengefasst. Details finden sich u. a. in der DGUV Information 215-410.

Anforderungen an den Büroarbeitsstuhl

- Arbeitsstühle müssen die Anforderungen hinsichtlich Standsicherheit und Stabilität, bewegter Teile, unbeabsichtigtem Wegrollen sowie Benutzerinformation erfüllen.
- Der Arbeitsstuhl muss **stand- und kippsicher** – auch bei größter Rückneigung der Rückenlehne –, mit mind. 5 Rollen ausgestattet und gegen

*Die hier gemachten Angaben beziehen sich auf Bildschirmgeräte und Arbeitsmittel für die ortsgebundene Verwendung an Arbeitsplätzen, nicht jedoch für tragbare Bildschirmgeräte für die ortsveränderliche Verwendung. Basis ist die 2016 novellierte Fassung der ArbStättV, die die Bildschirmarbeitsverordnung ablöst.

unbeabsichtigtes Wegrollen (z. B. durch gebremste Rollen) gesichert sein.

- Der **Rollwiderstand** ist dem Fußbodenbelag anzupassen.
- Stühle sollten den Nutzer beim Hinsetzen **leichtabfedern**, um die Stoßbelastung der Wirbelsäule so gering wie möglich zu halten.
- Der Stuhl darf **keine scharfen Kanten** aufweisen und soll über elastische, **atmungsaktive Sitz- und Rückenlehnen** verfügen. Eine mögliche Polsterung sollte fest, aber dennoch komfortabel sein.
- Die Höhe der Sitzfläche muss sich mind. in einem Bereich von 400 bis 510 mm (empfohlen: < 400 bis 530 mm) **verstellen** lassen.
- Die **Sitztiefe** beträgt mind. 400 bis 420 mm (empfohlen: 370 bis 470 mm), günstig ist eine Verstellmöglichkeit, die **Sitzbreite** beträgt mind. 400 bis > 450 mm.
- Die **Rückenlehne** ist horizontal konkav gekrümmt und weist eine Breite von mind. 360 bis > 400 mm auf, (weitere Maße in der DGUV Information 215-410, vertikal ist die Krümmung konvex ausgebildet.
- Die Lehne sollte den Rücken des Nutzers in verschiedenen Arbeitshaltungen möglichst gut unterstützen bzw. entlasten. Hierzu ist auf eine **ausreichende Höhe und/oder Verstellbarkeit** zu achten. Die Ausstattung mit einer gekoppelten **Sitz-Lehnen-Neigungsverstellung** ist empfehlenswert.

- **Armauflagen** sind sinnvoll zur Entlastung des Schulter-Nackenbereichs, dürfen aber die Ausübung der Tätigkeit nicht behindern.
- Sofern Armauflagen eingesetzt werden, sollten diese **in der Höhe verstellbar** (Höhe über dem Sitz mind. im Bereich von 200 bis 250 mm (empfohlen: 180 bis 290 mm)), mind. 200 mm lang und 40 mm (empfohlen: > 50 mm) breit sein.
- **Alternative Sitzmöbel** können in Einzelfällen sinnvolle Ergänzungen, nicht aber Ersatz für Bürodrehstühle sein. Auch alternative Sitzmöbel müssen den Anforderungen an Stand- und Kippsicherheit genügen und einen ausreichenden Schutz vor dem Wegrollen aufweisen.

Anforderungen an den Büroarbeitstisch

- Sofern **Mischarbeit** (Büroarbeit mit und ohne Computerunterstützung) ausgeübt wird, sind pro Arbeitsplatzinhaber sowohl ein Schreib-/Lesebereich als auch ein Bildschirmgerätebereich vorzusehen.
- Die **Schreibtischfläche** sollte mindestens die Bemaßung 1.600 x 800 mm aufweisen. Die Tischtiefe muss einen ausreichenden **Sehabstand** zum Bildschirmgerät von mind. 50 cm ermöglichen.
- Eine **Winkelkombination** aus Schreib-/Lese- und Bildschirmgerätetisch erweist sich aufgrund der unterschiedlichen Anforderungen an

Schreib- und Kommunikationsbereich, Positionierung des Bildschirms als vorteilhaft. Die Gesamtarbeitsfläche darf nicht kleiner als 1,28 m^2 sein und darf an keiner Stelle eine geringere Tiefe als 800 mm aufweisen. Dabei ist mindestens eine ungeteilte Arbeitsfläche von 800 mm Breite vorzusehen. Im Eckbereich von Verkettungen kann die Breite der Arbeitsfläche an der Vorderseite auf bis zu 565 mm verringert werden. Die nutzbare **Breite des Bildschirmgerätetisches** sollte **in einer Winkelkombination** mindestens 600 mm betragen.

- Eine **Fußstütze** wird je nach den Körpermaßen des Nutzers an nicht-höhenverstellbaren Tischen benötigt. Fußstützen sollten mind. 450 mm breit und 350 mm tief sein, größere Fußstellflächen ermöglichen ein dynamisches Sitzen. Höhe und Neigung der Fußstellfläche sollte unabhängig voneinander eingestellt werden können. Fußstützen führen aber zu Zwangshaltungen, die zu vermeiden sind. Daher sollten Tische grundsätzlich höhenverstellbar sein.
- Der **Höhenverstellbereich** der Tische, besser der gesamten Winkelkombination, muss mind. zwischen 680 und 760 mm bei sitzenden Tätigkeiten (besser: < 620 bis 820 mm) sowie zwischen 950 und 1180 mm bei stehenden Tätigkeiten (besser: 950 bis 1200 mm), liegen.
- Die **Tischplatte** darf max. 30 mm stark sein und sollte keine zusätzliche Metallrahmenkonstruktion aufweisen.

- **Unterzüge** dürfen nicht fest montiert sein. Hier sollten Rollcontainer bevorzugt werden.
- Die Möbel müssen **abgerundete Ecken und Kanten** besitzen (Radien > 2 mm), Rollcontainer sollten mit Muldengriffen statt mit aufgesetzten Griffen ausgestattet sein.
- **Kabelkanäle** zur einwandfreien Führung der Gerätezuleitungen sind erforderlich. Sie sollten ausreichend dimensioniert und leicht zugänglich sein.
- Unter der Tischfläche darf der **Beinraum** nicht einschränkt werden. Die Plattenträger- bzw. Tischbeinkonstruktion sollte vorzugsweise als „liegendes U-förmiges Gestell“ oder als „T-förmiges Gestell“ ausgebildet sein.
- **Matte Tischoberfläche** mit Reflexionsgraden zwischen 0,15 und 0,75 sind zu bevorzugen (bei Glanzgraden sind max. seidenmatt oder 60°-Reflektormeter-Werte bis 20 zulässig).
- **Extrem höhenverstellbare Arbeitstische**, die sich sowohl im Stehen als auch im Sitzen nutzen lassen, können sich günstig auf das Muskel- und Skelettsystem auswirken. Sollten Steh-Sitzarbeitstische Verwendung finden, sollte der Höhenverstellbereich des Arbeitstisches, besser aber der gesamten Kombination, mind. zwischen 680 und 1180 mm (besser: < 620 bis 1200 mm) betragen.

- Auch andere **alternative Lösungen** (z. B. zusätzliches Stehpult) können die Steh-Sitzdynamik fördern, sofern die Bereitschaft zur Nutzung vorhanden ist.

Anforderungen an den Bildschirm

Die **Größe des Bildschirms** muss der Art der Tätigkeit angemessen sein:

- bei Textverarbeitung mindestens 17-Zoll-Bildschirmdiagonale;
- bei überwiegender Verwendung von Grafik- oder Präsentationsprogrammen mindestens 19-Zoll-, besser 21-Zoll-Bildschirmdiagonale;

Bei LCD-Monitoren (sog. Flachbildschirmen) entspricht, anders als bei herkömmlichen Kathodenstrahlröhren-Bildschirmen, die sichtbare Bildschirmdiagonale der angegebenen. Daher können LCD-Bildschirme in der Diagonalen bis zu 2 Zoll kleiner gewählt werden.

Der Bildschirm muss frei und leicht drehbar und ausreichend neigbar (25 bis 30 Grad) sein.

CRT-Geräte (Röhrenmonitore) müssen **strahlungsarm** sein:

- Einhaltung mindestens der MPR II-Norm, besser TCO '03.

Das auf dem CRT-Gerät (Röhrenmonitor) dargestellte Bild muss **stabil und flimmerfrei** sein:

- **Bildwiederholfrequenz** mindestens 85 Hz, besser 100 Hz,
- keine erkennbaren Jitterstörungen (Instabilität von Bildpunkten),

Die auf dem Bildschirm dargestellten Zeichen müssen scharf, deutlich und ausreichend groß sein sowie einen angemessenen Zeichen- und Zeilenabstand haben.

- Bei LCD-Geräten (Flachbildschirme) Aktivmatrixbildschirme (TFT) verwenden, die Nachleuchtspuren (ghosting) und die dadurch verursachte schlechte **Erkennbarkeit von Zeichen** konstruktionsbedingt reduzieren.
- auf eine **entspiegelte Bildschirmoberfläche** (z. B. Lambda/4 Beschichtung) achten, die die Lesbarkeit der Zeichen verbessert.
- Zeichen sollen mit **deutlichen Konturen** und scharfen Umrissen dargestellt werden (keine treppenförmigen Darstellungen, keine „verwaschenen" Konturen).
- Die **Zeichengröße** sollte (auch bei Schaltflächenbeschriftungen) bei 50 cm Sehabstand mindestens 3,2 mm (Großbuchstaben), generell zwischen 22 und 31 Bogenminuten betragen.
- Die **Auflösung** muss der Güte des Bildschirms, insbesondere der Bildwiederholfrequenz, angepasst sein. Bei 15-Zoll-Monitoren sind 800 x 600 Bildpunkte, bei 17-Zoll-Monitoren

1024 x 768 Bildpunkte und ab 19 Zoll mind. 1280 x 1024 Bildpunkte empfehlenswert.

- **Positivdarstellung** (Darstellung dunklerer Bilder auf hellerem Untergrund) benutzen.
- **Schriftarten** verwenden, die die Gefahr der Verwechslung von Zeichen reduzieren (Überprüfbar z. B. an O und 0, U und V, S und 5).
- Auch auf eine gute Zeichengeometrie vor allem in den Eckbereichen achten.

Die **Helligkeit** der Bildschirmanzeige und der Kontrast zwischen Zeichen und Untergrund müssen einstellbar und der Arbeitsumgebung angepasst sein:

- **Kontrast** bei hellen Zeichen auf dunklem Grund 3:1 bis 5:1, besser 5:1 bis 10:1;
- Kontrast bei dunklen Zeichen auf hellem Grund mindestens 3:1, ideal > 5:1, aber Leuchtdichte des Untergrundes < 3:1 zur Umgebungsleuchtdichte;
- **Regulierbarkeit der Kontraste** und der Helligkeit des Bildschirms: Leuchtdichte und Kontraste beeinflussen die Schärfe und Lesbarkeit von Zeichen: Leuchtdichten unter 35 cd/m^2 sind unzulässig, empfohlene mittlere Leuchtdichten sollten bei 100 cd/m^2 liegen.

Bei der Verwendung von **Farben** ist zu beachten:

- Hinweisfunktion von Farben beachten (z. B. Rot als Warnung);

- keine großflächige Verwendung gesättigter Farben;
- keine großflächige Verwendung von Komplementärfarben (rot-grün; blau-gelb);
- bei Farbverwendung Auswirkungen auf Kontraste beachten.

Anforderungen an Eingabegeräte

Allgemeines

Die Dateneingabe in interaktive Systeme kann mit unterschiedlichen Eingabegeräten erfolgen. Die gängigsten sind die Tastatur und die Maus. Weitere Eingabegeräte sind u. a. Pucks, Joysticks, Rollkugeln, Trackpads, Tabletts, Overlays, Berührungsbildschirme, Griffel, Lichtstifte, sprachgesteuerte Geräte und Gestik gesteuerte Geräte. Alle Eingabegeräte müssen bestimmten Mindestanforderungen genügen. Sie weisen zudem jeweils spezifische Gebrauchstauglichkeitsmerkmale auf und sind damit für den jeweiligen Nutzungskontext unterschiedlich gut geeignet. Im Hinblick auf eine optimale Nutzung ist es erforderlich, dass für die Auswahl die spezifischen Gebrauchstauglichkeitsmerkmale und ggf. ihre Ausprägung in der Produktbeschreibung und zur Nutzung entsprechende Anleitungen in der Bedienungsanleitung dargestellt werden.

Beispiele für Mindestanforderungen an Eingabegeräte

Beispiel: Konventionelle Tastatur für eine übliche Nutzung im Büro (ortsgebundene Arbeitsplätze)

- Zur Vermeidung ergonomisch ungünstiger Arbeitshaltungen oder Zwangshaltungen muss die Tastatur getrennt vom Bildschirm aufstellbar sein.
- Alphanumerische und numerische Bereiche sowie Editier- und Funktionsbereiche müssen deutlich unterscheidbar sein.
- Tastenmittenabstand im alphanumerischen Bereich muss 19 ± 1 mm, in anderen Bereichen mindestens 15 mm betragen.
- Höhe der Grundreihe muss weniger als 35 mm betragen, bevorzugt werden 30 mm.
- Bei der Nutzung sichtbare Oberflächen müssen matt sein (max. 45 Glanzeinheiten).
- Zur bestmöglichen Vermeidung von Reflexionen auf der Tastatur und von übermäßigen Leuchtdichtekontrasten zu anderen Arbeitsmitteln sollten die diffusen Reflexionsgrade der Oberflächen zwischen 0,15 und 0,75 liegen, vorzugsweise zwischen 0,2 und 0,6.
- Die Beschriftung der Tastatur soll der Anzeigenart entsprechen, d.h. die Positivdarstellung mit dunklen Zeichen auf hellem Grund ist zu empfehlen.

- Die Form der Tasten muss konkav sein, um die Anpassung an die Fingerkuppen zu erleichtern.
- Cursortasten müssen vorhanden sein.
- Anordnung der Tasten im numerischen Block muss entweder der Telefon- oder der Tischrechneranordnung entsprechen.
- Die Tastenbetätigungskraft sollte bei 0,5 N bis 0,8 N und muss bei 0,25 bis 1,5 Newton liegen.
- Eventuelle spezifische Gebrauchstauglichkeitsmerkmale müssen in der Produktbeschreibung dargestellt werden.
- Vor der Tastatur muss die Möglichkeit zur Handauflage mit einer Tiefe von 50 bis 100 mm bestehen.

Beispiel: Konventionelle Maus für eine übliche Nutzung im Büro

- Die Form der Maus sollte der Anatomie der Hand angepasst sein, d. h. zum Handballen hin rund und zu den Fingern breiter auslaufend sein. Die Größe der Maus soll der gewölbten Hand entsprechen. Ist die Maus asymmetrisch für Rechtshänder geformt, sollte Linkshändern eine entsprechende Maus zur Verfügung stehen.
- Bewegung des Zeigers auf dem Bildschirm muss ohne unangemessene Verzögerung angezeigt werden.

- Ausrichtung der Maus muss ohne visuellen Kontakt wahrgenommen werden können.
- Betätigung von Schaltelementen darf nicht den Fokus des Zeigers bewegen.
- Der Maximalhub von Schaltelementen darf 6 mm nicht überschreiten, der Minimalhub sollte über 0,5 mm liegen.
- Eine kurzzeitige Verriegelung der Schaltelemente muss möglich sein.
- Die Auflösung muss unabhängig sein von der Position auf der Arbeitsfläche als auch von der Position des Zeigers auf der Anzeige.
- Eine eventuell erforderliche Reinigung muss ohne Werkzeuge erfolgen können.
- Eventuelle spezifische Gebrauchstauglichkeitsmerkmale müssen in der Produktbeschreibung dargestellt werden.

Anforderungen an weitere Arbeitsmittel und -möbel im Bürobereich

- Sofern ein **Konzepthalter** verwendet wird, muss dieser stabil und verstellbar sein, so dass Augen, Kopf und Schulter-Nacken der Nutzer entlastet werden. Den Konzepthalter bei häufiger Benutzung möglichst zentral im Blickfeld und Greifraum anordnen, dezentral bei gelegentlicher Benutzung.
- Die **weiteren Arbeitsmöbel** (Bürocontainer, Schränke, Regale und Tischanbauten) sollten flexibel an die auszuführende Arbeits-aufgabe und die zur Verfügung stehende Fläche angepasst werden können.
- **Ecken und Kanten** der weiteren Arbeitsmöbel müssen abgerundet (Radien > 2 mm) sein.
- Durch den Wandel der Arbeitswelt haben sich die Anforderungen und Tätigkeitsprofile von Bürobeschäftigten verändert. Aktuelle Büroausstattungen berücksichtigen, dass ein großer Teil der Arbeit durch **Kommunikation und Informationsaustausch** geleistet wird. Es empfiehlt sich, entsprechende Tischanbauten zu realisieren oder Besprechungszonen in den Arbeitsräumen vorzusehen.

Umgebungsbedingungen für Bildschirmarbeit im Bürobereich

(Weitere Hinweise und Kenngrößen befinden sich im hinteren Teil der Datensammlung unter „Beleuchtung".)

Beleuchtung

- Gute und beherrschbare Tageslichtversorgung mit geeigneten Sonnenschutzeinrichtungen (Wärmeschutz und Blendschutz).
- Ausgewogene und anregende Leuchtdichteverteilung im Raum mit Reflexionsgraden, die einen hellen Raumeindruck begünstigen.

Decke	Wände
0,7 bis 0,9	0,5 bis 0,8
Arbeitsflächen	Boden
0,15 bis 0,75	0,2 bis 0,4

gem. DIN EN 12464-1 und DGUV Information 215-410

- Beleuchtungsstärkeniveau mindestens gemäß Tabelle (nach DIN EN 12464-1).

	Wartungswert der Beleuchtungsstärke (lx)		Gleichmäßigkeit
	Bereich der Sehaufgabe*	unmittelbarer Umgebungsbereich**	Bereich der Sehaufgabe (U_0)
Schreiben, Lesen, Datenverarbeitung	500	300	0,60
Ablegen, kopieren, Verkehrszonen etc.	300	200	0,40
Technisches Zeichnen	750	500	0,70
CAD-Arbeitsplätze	500	300	0,60

* Bereich der Sehaufgabe: Teilbereich des Arbeitsplatzes, in dem die Sehaufgabe ausgeführt wird. Ist die Größe und/oder die Lage des Bereiches der Sehaufgabe nicht bekannt, muss der Bereich als Bereich der Sehaufgabe angenommen werden, in dem die Sehaufgabe auftreten kann.

** Unmittelbarer Umgebungsbereich: Den Bereich der Sehaufgabe umgebende, sich im Gesichtsfeld befindende Fläche von mindestens 0,5 m Breite.

Bei Beleuchtung durch künstliche Beleuchtung oder Dachoberlichter muss die Gleichmäßigkeit der Beleuchtungsstärke

- im unmittelbaren Umgebungsbereich $U_0 \geq 0{,}40$ sein;
- im Hintergrundbereich $U_0 \geq 0{,}10$ sein.

- Begrenzung von Blendung durch adäquate Auswahl und Anordnung von Lampen und Leuchten. Bei Bildschirmarbeit gilt zudem:

Einhalten der vorgeschriebenen Leuchtdichtegrenzwerte für Leuchten mit nach unten gerichtetem Lichtstrom in Abhängigkeit von der Entspiegelungsklasse der Bildschirme und der Darstellungsart der Bildschirmanzeige (Positiv- oder Negativdarstellung).

(Hinweis: Diese Werte gelten nur für eine Neigung der Bildschirme bis 15°. In anderen Fällen können andere Werte erforderlich sein.)

- Möglichst individuelle Einflussnahme bei der Regelung des Lichteinfalls für Tageslicht wie für künstliche Beleuchtung.
- Angemessene Schattigkeit und Körperwiedergabe.
- Vermeiden von Flimmern, z. B. durch Einsatz von elektronischen Vorschaltgeräten.
- Anregende farbliche Gestaltung des Raumes.
- Schaffen eines positiven Lichtklimas.
- Einsatz von Lampen mit geeigneter Lichtfarbe und Farbwiedergabe nach DIN EN 12464-1:

Lichtfarbe	**ähnlichste Farbtemperatur T_{CP}**
warmweiß	unter 3300 K
neutralweiß	3300 K bis 5300 K
tageslichtweiß	über 5300 K

- Wartung gemäß Wartungsplan, in dem die Intervalle für den Lampenwechsel, die Reinigung der Leuchten und des Raumes sowie die Reinigungsmethoden festgelegt sind. Er beinhaltet nach DIN EN 12464-1 die Wartungswerte (empfohlene Beleuchtungsstärke je nach Aufgabe) und den Wartungsfaktor (berücksichtigt das Alterungsverhalten der Lampe und der Vorschaltgeräte, der Leuchte, der Umgebung und das Wartungsprogramm).

Raumklima

- Raumtemperatur etwa 21 °C
- relative Luftfeuchte etwa 50 %
- Luftzug vermeiden, unter 0,1 m/s
- Schutz der Arbeitspersonen gegen Wärmebelastung durch Arbeitsmittel (Wärmestrahlung, Warmluft)
- Vermeidung örtlicher Wärmestaus (z. B. unter den Tischen, in Nischen)

Lärm

- Ein Schalldruckpegel L_{pAleq} = 40 dB(A) ist anzustreben.
- Er sollte jedoch nicht übersteigen:
  - 70 dB(A) bei Routinetätigkeiten,
  - 55 dB(A) bei höheren geistigen Anforderungen und
  - 40 dB(A) bei gleichzeitig notwendiger sprachlicher Kommunikation.

- Vor dem Kauf von Maschinen sind Geräuschemissionsangaben nach DIN EN ISO 4871 von den Herstellern einzuholen, um die Maschine mit den niedrigsten Emissionswerten auszuwählen.
- Bei der Auswahl von Bürogeräten ist auf vom Hersteller gelieferte Geräuschemissionsangaben nach ISO 9296 zu achten. Es sollten die Geräuschemissionswerte von verschiedenen Herstellern verglichen werden und das Produkt mit den niedrigsten Werten für den Schallleistungspegel und Emissionsschalldruckpegel beschafft werden.
- Lärmminderungsmaßnahmen (Schallschutzhaube) vorsehen.

Körperkräfte

Körperkraft wird durch Muskelspannung erzeugt. Sie ist als Kraft oder Moment außerhalb des Körpers messbar.

Die ausgeübte Körperkraft ist von verschiedenen Faktoren abhängig:

individuelle Faktoren:	Alter Geschlecht Körperbau Trainingszustand
arbeitsbedingte Faktoren:	Körperhaltung Kraftrichtung Krafteinsatzdauer Abstützmöglichkeiten

Die bevorzugte Körperseite (z. B. Hand-Fuß rechts) ist – durchschnittlich – bis zu 10 % kräftiger als die andere Seite.

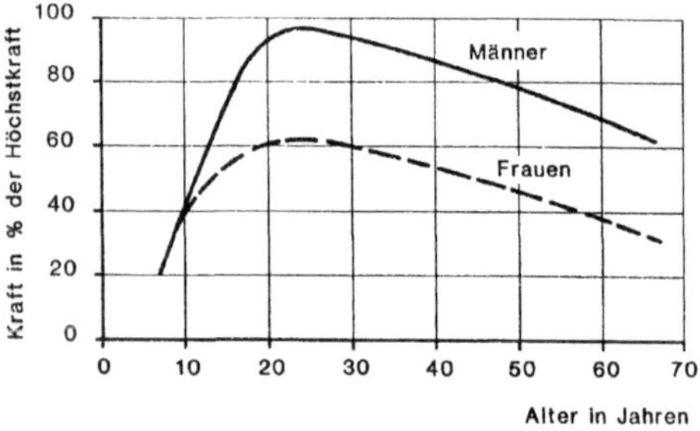

Einfluss von Lebensalter und Geschlecht auf die Körperkraft (nach Hettinger)

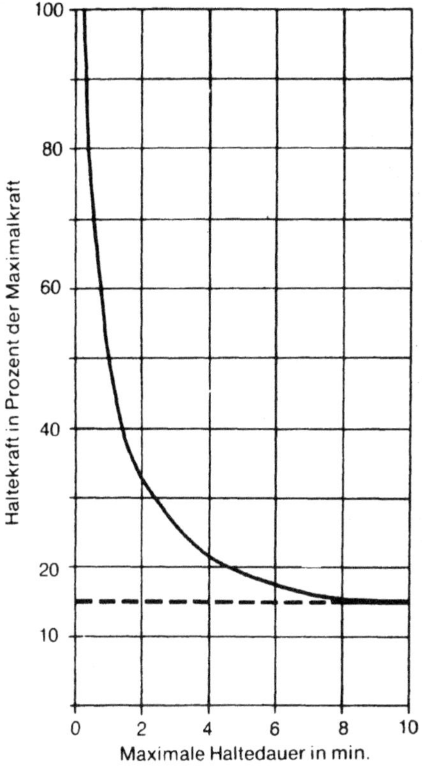

Maximale Haltedauer bei statischer Muskelkraft in Abhängigkeit von der relativen Haltekraft (nach Laurig, 1992)

Arbeitswissenschaftliche Erkenntnisse zur Handhabung von Lasten

Jedes Befördern oder Abstützen einer Last, bei dem menschliche Kraft aufgebracht werden muss (z. B. beim Tragen, Heben oder Absetzen, Ziehen oder Schieben), ist als manuelle Handhabung einer Last zu verstehen.

Nach dem Arbeitsschutzgesetz (ArbSchG) hat der Arbeitgeber anhand einer Beurteilung der für die Beschäftigten mit ihrer Arbeit verbundenen Gefährdungen zu ermitteln, ob und welche Maßnahmen des Arbeitsschutzes erforderlich sind.

Beurteilung der Arbeitsbedingungen

Die so genannte *Leitmerkmalmethode** hat sich als Verfahren zur praxisnahen Beurteilung der Arbeitsbedingungen bei der manuellen Handhabung von Lasten (Heben, Halten und Tragen; Ziehen und Schieben) bewährt. Dabei werden folgende arbeitsplatzspezifische Merkmale jeweils mit Hilfe eines Punktesystems bewertet. Anschließend wird eine Punktesumme aus allen Merkmalen ermittelt.

*Anmerkung: Die Leitmerkmalmethode wird ausführlich in der Sonderschrift S42 der Schriftenreihe der Bundesanstalt für Arbeitsschutz und Arbeitsmedizin beschrieben (s. Literaturverzeichnis Steinberg und Windberg). Weitere Informationen und Handlungshilfen können unter www.baua.de abfgerufen werden.

- **Zeiten unter Last**
  Es werden mehrere Stufen des regelmäßig wiederkehrenden und/oder lang anhaltenden Tragens oder Haltens unterschieden;
- **Lastgewicht** differenziert nach verschiedenen Stufen für Frauen und Männer;
- **Körperhaltung** maßgeblich bedingt durch den Angriffspunkt zur Last;
- **Ausführungsbedingungen** differenziert nach Platz, Bewegungsraum und Standsicherheit.

Aus der Analyse der einzelnen Merkmale lassen sich die folgenden entlastenden Gestaltungsmaßnahmen ableiten.

Gestaltungsmaßnahmen

Nach der LasthandhabV steht an erster Stelle das Vermeiden von solchen Lastenhandhabungen, die mit einer Gefährdung der Gesundheit einhergehen. Lassen sich solche manuellen Lasthandhabungen nicht vermeiden, sind geeignete Maßnahmen zu treffen oder geeignete Arbeitsmittel einzusetzen, um die Gefährdung möglichst gering zu halten.

Arbeitsgestaltung kann an technischen, organisatorischen und personellen Rahmenbedingungen ansetzen. Geeignete Maßnahmen können sein:

- Mechanisierung und Automatisierung
- Arbeitsplanung (z. B. Umpacken und Zwischenagerung vermeiden)

- Arbeitsplatzgestaltung (z. B. Lastaufnahme- und Absetzhöhe zwischen 70 und 110 cm; Bewegungsraum vorsehen)
- Arbeitsumgebungsgestaltung (z. B. Kälte, Hitze, Feuchte vermeiden; gute Beleuchtung)
- Gestaltung der Last (z. B. durch Reduzierung der Lastgewichte, günstige Griffgestaltung)
- Kennzeichnung höherer Lastgewichte
- Einsatz von Arbeitshilfen
- Erholzeiten anpassen und Arbeitswechsel
- Unterweisung in günstigen Handhabungstechniken

Griff- und Kantenkrümmungen

(Mindestwerte beim Heben und Tragen von Hand)

übertragene Kräfte	Krümmungsradius
bis 50 N	3 mm
50 bis 100 N	6 mm
100 bis 200 N	10 mm
über 200 N	13 mm

(nach MIL-STD 1472F(1), USA, 12.2003)

Auswahl von Stellteilen (nach DIN EN 894-3)

Stellbewegungen	Stellteiltyp Beispiel		Merkmale 1 Sichtkontrolle	2 Tastkontrolle	3 Unbeabsichtigtes Stellen	4 Stellen m. Handschuh	5 Reinigungsmöglichkeit	6 Vermeidung des Abgleitens
Drehen	Schlüsselschalter		●	◕	◔	●	◕	◕
	Gerändelter Rundknopf		◕	◔	◕	◑	◔	◑
	Versenkter Handknopf		●	◕	●	●	◑	●
	Handrad mit Wellenkranz		○	○	◑	◕	○	◑
	Daumenrolle		◕	○	◕	◔	◔	○
	Rundknopf mit Skala und Kurbelstift		◕	○	◔	◑	◕	◑
	Drehknebel für Daumen-Finger-Betätigung		◕	◕	◑	◕	◕	◑

			1	2	3	4	5	6
Drehen	Flügelmutter-artiges Stellteil		◑	◕	◑	◕	◑	◕
	Knopf mit geriffelter Kante	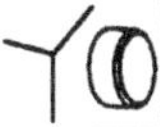	○	○	◕	◑	◔	◑
	Handrad mit Kurbel		○	○	○	●	●	◕
	Handkurbel		○	○	○	●	●	●
	Glattes Handrad		○	○	◔	●	◕	◑
Stellbewegungen	Kippschalter (2 Stellungen)		◕	◕	◕	◑	◑	◔
	Kipphebel		●	◕	○	◕	◑	◑
	Flachkipphebel		●	◕	○	◕	◑	◕
	Versenkter Flachkipphebel		◕	◕	●	○	○	●

			1	2	3	4	5	6
Drücken	Einzel-Tastkopf		○	○	●	◑	◑	◔
	Pilzförmiger Druckschalter		●	●	○	●	◕	◕
Schieben	Schiebeschalter		○	○	◕	◔	◔	○
	Angeformter geriffelter Schiebeknopf		◕	○	●	○	○	◔
	Schiebeknopf mit Profil		◕	○	○	◕	◕	◕
	Handgriffschieber		◕	○	○	◕	◔	●
Ziehen	Zugbügel		◑	○	◔	◕	◕	●
	Glatter konischer Handgriff		◑	○	○	●	●	◔

○ in keinem Fall geeignet
◔ wenig geeignet
◑ zum Teil geeignet
◕ geeignet
● sehr geeignet/optimale Wahl

Stellwinkel- und Drehmomentbereiche bei Stellteilen zum Drehen
(nach DIN EN 894-3)

Stellteil	Stellwinkel	Radius	Drehmoment Stellen einhändig	 Stellen beidhändig
Kurbel	unbegrenzt	bis 100 mm über 100 mm über 200 mm bis 400 mm	0,6 Nm bis 3 Nm 5 Nm bis 14 Nm 4 Nm bis 80 Nm	– 10 Nm bis 28 Nm 8 Nm bis 160 Nm
Handrad	unbegrenzt ohne NG[2] NG[2] bis 60°	25 mm bis 50 mm über 50 mm bis 200 mm über 200 mm bis 250 mm	0,5 Nm bis 6,5 Nm – –	– 2 Nm bis 40 Nm 4 Nm bis 60 Nm
Drehknebel	15° bis 60°	zwischen zwei Schaltstellungen	Knebellänge bis 25 mm 0,1 bis 0,3 Nm Knebellänge über 25 mm 0,3 bis 0,7 Nm	
Drehknopf	unbegrenzt	Ø über 15 mm bis 25 mm Ø über 25 mm bis 70 mm	0,020 Nm bis 0,05 Nm 0,035 Nm bis 0,70 Nm[1]	
Schlüssel	15° bis 90°	zwischen zwei Schaltstellungen	0,1 Nm bis 0,5 Nm	

[1] Maximalwert nur empfehlenswert bei überwiegender Handbetätigung
[2] NG = Nachgreifen

Stellweg- und Stellkraftbereiche bei Stellteilen zum Schwenken, Drücken, Schieben und Ziehen (nach DIN EN 894-3)

Stellbewegung	Stellteilart	Stellweg/mm	Stellkraft/N[2]
Schwenken [1]	Schalthebel	20 bis 300	5 bis 100 [3]
	Stellhebel (einhändig Stellen)	100 bis 400	10 bis 200 [3]
	Hebeltaste	3 bis 6	1 bis 20
	Kippschalter	10 bis 40	2 bis 10
	Wippschalter	4 bis 10	2 bis 8
	Pedal [4]	20 bis 150	30 bis 100
Drücken	Drahtauslöser	20 bis 20	0,8 bis 3
	Druckknopf	Finger: 2 bis 40	1 bis 8
		Hand: 6 bis 40	4 bis 16 [5]
	Drucktaster	Fuß: 12 bis 60	15 bis 90
	Tastatur	2 bis 6 (el. Ausl.)	0,8 bis 3
		6 bis 16 (mech. Ausl.)	
Schieben	Griffschieber	10 bis 400	20 bis 60
	Fingerschieber	5 bis 25	1,5 bis 20
Ziehen	Zugbügel	10 bis 400	20 bis 100
	Zuggriff	10 bis 400	20 bis 60
	Zugring	10 bis 100	5 bis 20
	Zugknopf	5 bis 100	5 bis 20

1) Die Angabe der Stellwege geht aus vom Angriffspunkt der Kraft zwischen Körperteil und Stellteil.
2) Anhaltswert für häufiges Stellen
3) Werte für Stellbewegungen vom Körper weg bzw. zum Körper hin, für Stellbewegungen quer zum Körper geringere Werte.
4) Wenn Pedale in Form von Fußhebeln eingesetzt werden, sind bei seltener Betätigung dieser Stellteile und bei günstiger Anordnung Stellkräfte bis 900 N und Stellwege von 50 mm bis 150 mm möglich.
5) Für Notausschalter bis 60 N.

Empfohlene Stellteile bei kleinen Betätigungskräften

Anforderungen	Stellteil
2 diskrete Stellungen	Druckknopf, Drucktaste, Kippschalter, Wippschalter, Schlüsseltasche oder -schalter
3 diskrete Stellungen	Drehschalter, Kippschalter
4 bis 24 diskrete Stellungen	Drehschalter, Tastatur
stufenlose Einstellung (linear oder weniger als 360°)	Drehknopf, Daumenrad, Stellhebel, Stellknüppel
stufenlose Einstellung (mehr als 360°)	Drehknopf, Kurbel

Empfohlene Stellteile bei großen Betätigungskräften

Anforderungen	Stellteil
2 diskrete Stellungen	Fußdruckknopf, Hochdruckknopf, Schalthebel
3 bis 24 diskrete Stellungen	Drehschalter, Schalthebel
stufenlose Einstellung (linear oder weniger als 360°)	Handrad, Stellhebel, Stellknüppel, Kurbel
stufenlose Einstellung (mehr als 360°)	Handrad, Kurbel

Weitere Angaben s. DIN EN 894-3

Sinnfällige Stellbewegungen

Funktion	Stellbewegung
ein	nach oben, nach rechts, nach vorn, rechtsdrehend, ziehen
aus	nach unten, nach links, nach hinten, linksdrehend, drücken
nach rechts	nach rechts, rechtsdrehend
nach links	nach links, linksdrehend
auf, heben	nach oben
ab, senken	nach unten
schließen	nach oben, nach hinten, ziehen, rechtsdrehend
öffnen	nach unten, nach vorn, drücken, linksdrehend
zunehmend	nach vorn, nach oben, nach rechts, rechtsdrehend
abnehmend	nach hinten, nach unten, nach links, linksdrehend
vorwärts	nach oben, nach rechts
rückwärts	nach unten, nach links
fahren	nach oben, nach rechts, nach vorn, rechtsdrehend
bremsen	nach unten, nach links, nach hinten, linksdrehend

Weitere Angaben s. DIN EN 894-3

Allgemeine Leitsätze für das sicherheitsgerechte Gestalten
(nach DIN EN ISO 12100)

Technische Erzeugnisse müssen so hergestellt sein, dass sie bei ordnungsgemäßer Errichtung und Aufstellung und bei bestimmungsgemäßer Verwendung keine Gefährdung für den Menschen verursachen.

Zur bestimmungsgemäßen Verwendung gehört neben den Angaben des Herstellers und dem als üblich angesehenen Einsatzbereich des technischen Erzeugnisses auch die Übereinstimmung mit technischen Anleitungen, wobei ein unbeabsichtigtes Verhalten der Bedienperson oder eine vernünftigerweise vorhersehbare Fehlanwendung in Betracht gezogen werden muss.

Sicherheitsmaßnahmen sind hierachisch gegliedert und beziehen sich zuerst auf die **Konstruktion** des technischen Erzeugnisses, dann auf **technische Schutzmaßnahmen** zur Trennung der Person von möglichen Gefährdungen und zuletzt auf die **Benutzerinformationen**.

Hinsichtlich der **eigensicheren Konstruktion** sind vom Entwickler des technischen Produktes die folgenden Kriterien zu berücksichtigen:

- bestimmungsgemäße Verwendung des technischen Erzeugnisses festlegen;

- mögliche Gefährdungen für den Nutzer analysieren und das Risiko abschätzen, mit welcher Wahrscheinlichkeit Verletzungen oder Gesundheitsschäden aus der Gefährdung resultieren können;
- Gefährdungen durch die Konstruktion beseitigen oder, sofern dies nicht möglich ist, das Risiko so weit wie möglich einschränken.

Gefährdungen können auch durch Vernachlässigung ergonomischer Grundsätze bei der Konstruktion von technischen Erzeugnissen entstehen. Eine mangelnde Anpassung der Produkte an die Eigenschaften und Fähigkeiten des Menschen kann zu physiologischen und psychophysiologischen Beanspruchungen führen (siehe DIN EN ISO 12100). Hierdurch reduziert sich auch die Wahrscheinlichkeit des menschlichen Fehlverhaltens.

Sofern sich durch die eigensichere Konstruktion nicht alle Gefährdungen für den Menschen ausschließen lassen, müssen zum Schutz der Personen technische **Schutzmaßnahmen** verwendet werden. Man unterscheidet trennende von nicht trennenden Schutzeinrichtungen. Die Erstgenannten verhindern den räumlichen Zugang z. B. durch einen abgeschlossenen Raum (etwa bei einer Maschine) oder durch Kapselung (bei Strahlung, Staub, Dämpfen usw.). Nichttrennende Schutzmaßnahmen müssen so gestaltet sein, dass sie nicht leicht umgangen werden können. Beispiele sind Verriegelungseinrichtungen, die den Betrieb des technischen Erzeugnisses unter bestimmten Bedingungen verhindern oder Zustimmungseinrichtungen, die einen Betrieb des technischen Erzeugnisses nur dann zulassen, wenn sie kontinuierlich betätigt werden.

Bei der Gestaltung solcher Schutzeinrichtungen ist die Reichweite des Menschen mit seinen Körperteilen zuzüglich eines angemessenen Sicherheitszuschlages zu berücksichtigen. Die auf den nachfolgenden Seiten angegebenen Abstände gelten als hierfür ausreichende Sicherheitsabstände, wenn sie nicht verändert werden können.

Benutzerinformationen dürfen keine Konstruktionsmängel ausgleichen. Sie müssen den Verwendungszweck des technischen Erzeugnisses beschreiben und alle Angaben enthalten, die für den sicheren und einwandfreien Gebrauch notwendig sind.

Benutzerinformationen sollen den Nutzer auch über mögliche Restrisiken in Kenntnis setzen, insbesondere über solche Gefährdungen, die duch die Konstruktion nicht vermieden und durch technische Schutzmaßnahmen nicht ausreichend reduziert werden konnten. Benutzerinformationen können in Textform (z. B. Beschriftungen am technischen Erzeugnis), aber auch als optische und akustische Signale und auch als Symbole (z. B. Piktogramme) bereitgestellt werden.

Empfohlene Steigwinkel für Treppen und Leitern

Siehe auch: DIN EN 131-1/2
DIN EN 14183

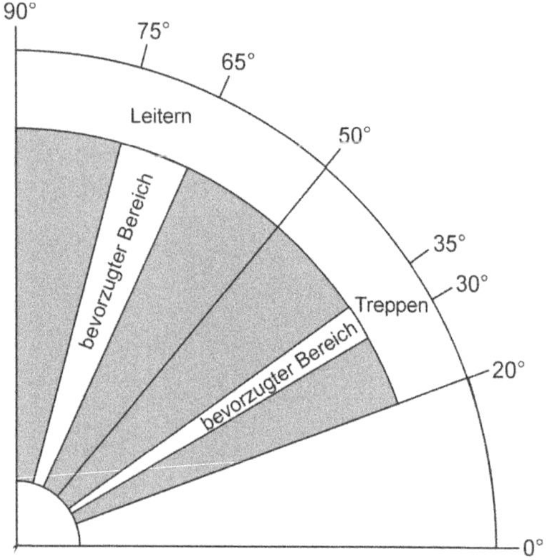

Anmerkung: Steigwinkel zwischen 0° und 20° können für Rampen vorgesehen werden, wobei der bevorzugte Bereich zwischen 7° und 15° liegt.

Sicherheitsgerechte Konstruktionsmaße*

1. Sicherheitsabstand

Der Sicherheitsabstand wird gemessen von Stellen, die zum betriebsmäßigen Betätigen, Pflegen, Warten und Überwachen von technischen Erzeugnissen erreichbar sind, sowie von Verkehrswegen.

2. Hinaufreichen

Bei aufrecht stehendem, gestrecktem Körper beträgt beim Hinaufreichen der Sicherheitsabstand nach oben bei geringem Risiko 2.500 mm oder mehr und bei hohem Risiko 2700 mm oder mehr (siehe DIN EN ISO 13857).

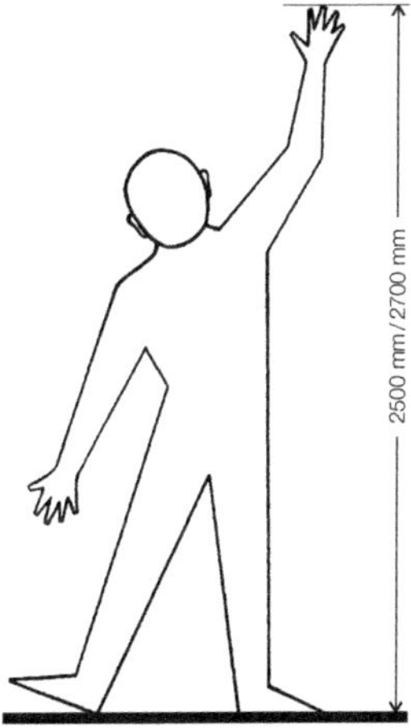

* Konstruktionsmaße werden ausführlich in der DIN EN ISO 13857, DIN EN 547-1 und -2 sowie in der DIN EN 349 und DGUV Information 213-523 behandelt.

3. Hinüberreichen

Beim Hinüberreichen über eine schützende Konstruktion, z. B. von Maschinengestellen oder Umwehrungen, ergibt sich der Sicherheitsabstand C aus:

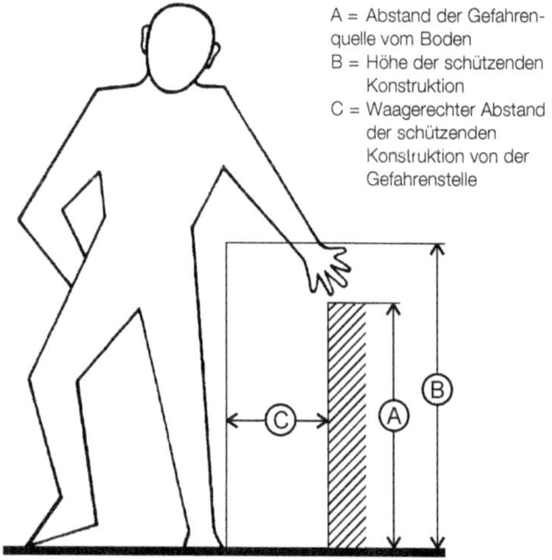

Die in der nachfolgenden Tabelle angegebenen Werte beziffern den mindestens einzuhaltenden Sicherheitsabstand, sofern von der Gefahrenquelle nur ein geringes Risiko ausgeht. Bei hohem Risiko sind entsprechend DIN EN ISO 13857 höhere Sicherheitsabstände einzuhalten.

Waagerechter Abstand C von der Gefahrenstelle								
Bodenabstand der Gefahrenstelle	Höhe der schützenden Konstruktion B *							
A	**2400**	**2200**	**2000**	**1800**	**1600**	**1400**	**1200**	**1000**
2400	100	100	100	100	100	100	100	100
2200	–	250	350	400	500	500	600	600
2000	–	–	350	500	600	700	900	1100
1800	–	–	–	600	900	900	1000	1100
1600	–	–	–	500	900	900	1000	1300
1400	–	–	–	100	800	900	1000	1300
1200	–	–	–	–	500	900	1000	1400
1000	–	–	–	–	300	900	1000	1400
800	–	–	–	–	–	600	900	1300
600	–	–	–	–	–	–	500	1200
400	–	–	–	–	–	–	300	1200
200	–	–	–	–	–	–	200	1100

Alle Abmessungen in mm

* Werte für die schützende Konstruktion B unter 1000 mm sind nicht aufgeführt, weil sie die Bewegung nicht ausreichend einschränken.

4. Herumreichen

Sicherheitsabstand frei schwenkender Körperteile um beliebig gelegene Kanten

Körperteil: Hand (von Fingerwurzel bis Fingerspitze)	Abstand: sr ≥ 130 mm
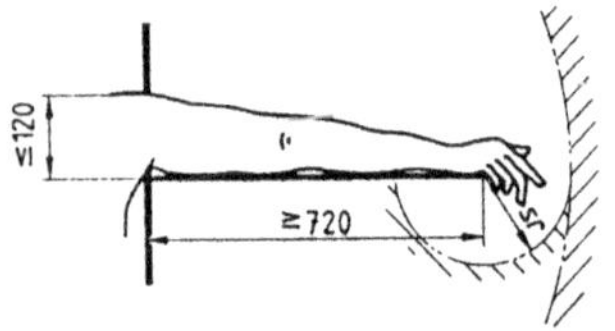	
Körperteil: Hand (von Handwurzel bis Fingerspitze)	Abstand: sr ≥ 230 mm
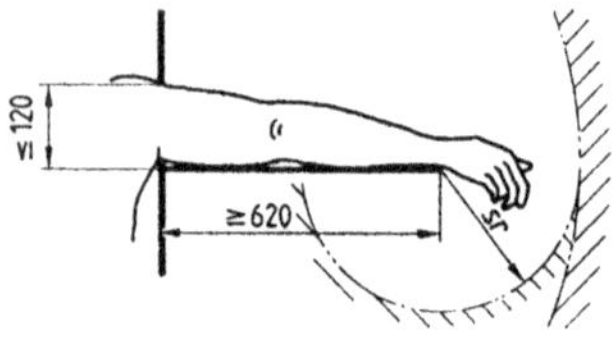	

(sr = Schwenkradius)

Körperteil: Arm (von Ellenbogen bis Fingerspitze)	Abstand: sr ≥ 550 mm

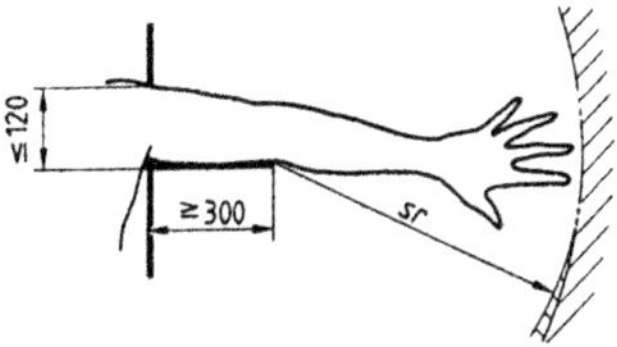

Körperteil: Arm (von Achsel bis Fingerspitze)	Abstand: sr ≥ 850 mm

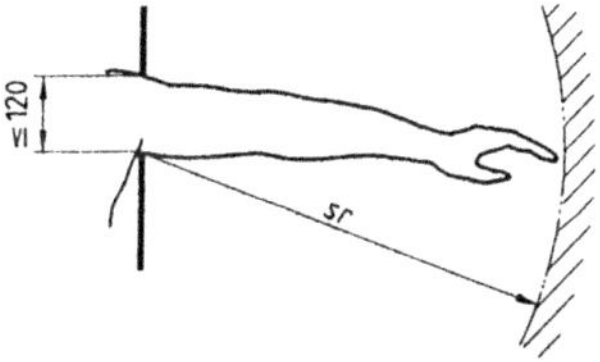

(sr = Schwenkradius)

5. Hindurchreichen (nach DIN EN ISO 13857)

(gilt für Erwachsene und Kinder über 14 Jahre/alle Angaben in mm), weitere Maße in der DIN EN ISO 13857)

Körperteil	Bild	Öffnung	Sicherheitsabstand s_r		
			Schlitz	Quadrat	Kreis
Fingerspitze		e ≤ 4	≥ 2	≥ 2	≥ 2
		4 < e ≤ 6	≥ 10	≥ 5	≥ 5
Finger bis Fingerwurzel	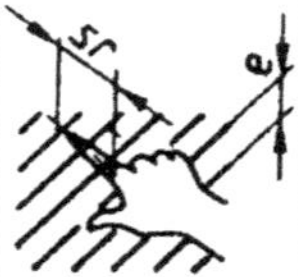	6 < e ≤ 8	≥ 20	≥ 15	≥ 5
		8 < e ≤ 10	≥ 80	≥ 25	≥ 20

Körperteil	Bild	Öffnung	Sicherheitsabstand s_r		
			Schlitz	Quadrat	Kreis
Hand		$10\ e \le 12$	≥ 100	≥ 80	≥ 80
		$12 < e \le 20$	≥ 120	≥ 120	≥ 120
		$20 < e \le 30$	≥ 850	≥ 120	≥ 120
Arm bis Schultergelenk	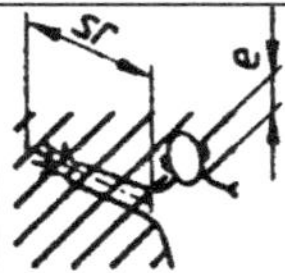	$30 < e \le 40$	≥ 850	≥ 200	≥ 120
		$40 < e \le 120$*	≥ 850	≥ 850	≥ 850
Ist die Länge einer schlitzförmigen Öffnung ≤ 65 mm, wirkt der Daumen als Begrenzung und der Sicherheitsabstand kann auf 200 mm reduziert werden.					

* Bei Maßen über 120 mm Öffnungsweite ist das Hineinbeugen des Körpers möglich, so dass nach Abschnitt „Hinüberreichen" zu verfahren ist.

6. Quetschstellen (nach DIN EN 349)
Eine Quetschstelle wird für die angegebenen Körperteile nicht als Gefahrenquelle angesehen, wenn folgende Abstände (a in mm) nicht unterschritten werden.

Körperteil: Fuß
Abstand: a ≥ 120

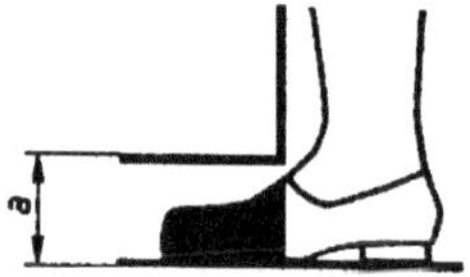

Körperteil: Arm
Abstand: a ≥ 120

Körperteil: Körper
Abstand: a ≥ 500

Körperteil: Bein
Abstand: a ≥ 180

Körperteil: Hand
Handgelenk
Faust
Abstand: a ≥ 100

Körperteil: Finger
Abstand: a ≥ 25

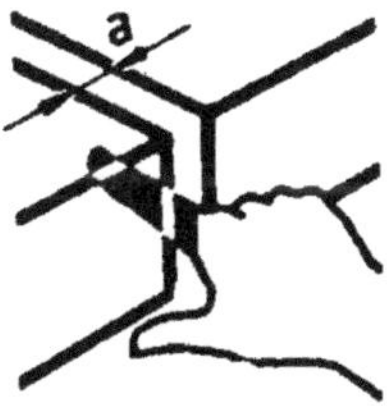

Blick- und Gesichtsfeld

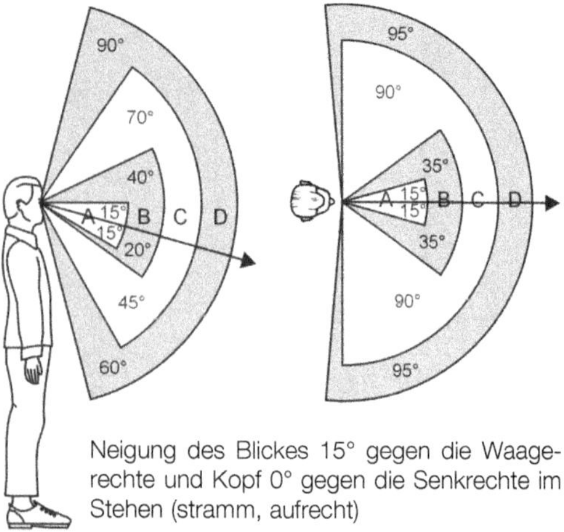

Neigung des Blickes 15° gegen die Waagerechte und Kopf 0° gegen die Senkrechte im Stehen (stramm, aufrecht)

Das **Gesichtsfeld** umfasst den Bereich, der bei fester Kopfstellung und fixierenden Augen übersehen werden kann.

A Grenzen des optimalen Gesichtsfeldes

B Grenzen des maximalen Gesichtsfeldes

C Grenzen des maximalen Blickfeldes

D Grenzen des durch Kopfbewegung erweiterten Umblickgesichtsfeldes

Das **Blickfeld** umfasst den Bereich, in dem bei fester Kopfhaltung und bewegten Augen Gegen-

Neigung des Kopfes und des Blickes im Stehen (bequem aufrecht)

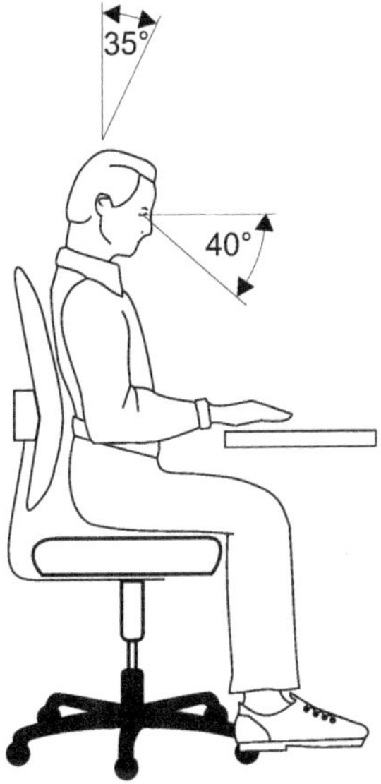

Neigung des Kopfes und des Blickes im Sitzen (bequem aufrecht)

Anwendungsmöglichkeiten verschiedener Anzeigegeräte

	Skalengeräte mit bewegtem Zeiger	Skalengeräte mit festem Zeiger	Zähler
		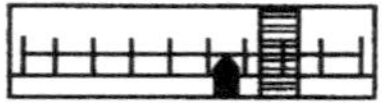	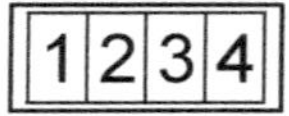
quantitative Information	**mäßig** (evtl. schwierig abzulesen bei Zeigerbewegung)	**mäßig** (evtl. schwierig abzulesen bei Skalenbewegung)	**gut** (geringste Zeit und Fehlerzahl beim Ablesen von genauen Zahlenwerten)
qualitative Information	**gut** (einfache Feststellung der Zeigerstellung; Zahlen und Skala müssen nicht abgelesen werden; Anzeigeänderung wird schnell erkannt)	**schlecht** (Richtung und Größe einer Änderung schwierig zu erkennen; ohne Zahlen und Skala abzulesen)	**schlecht** (Zahlen müssen gelesen werden; Änderungen schwierig zu erkennen)

Einstellen	**gut** (einfache und direkte Beziehung von Zeigerbewegung und Einstellbewegung; Anzeigeänderung unterstützt Überwachung)	**mäßig** (Richtung für Einstellbewegung nicht eindeutig; Anzeigeänderung unterstützt Überwachung; nicht lesbar bei schnellen Einstellungen)	**gut** (genaue Überwachung einer numerischen Einstellung; Beziehung zu Einstellbewegung weniger direkt als bei bewegtem Zeiger; nicht lesbar bei schnellen Einstellungen)
Nachführen, Regeln	**gut** (Zeigerstellung schnell festzustellen und zu überwachen; einfachste Beziehung zur Einstellbewegung)	**mäßig** (keine Anzeigestellungsänderung zur Unterstützung der Überwachung; Beziehung zur Einstellbewegung nicht eindeutig)	**schlecht** (keine klare Anzeigestellungsänderung zur Unterstützung der Überwachung)
Allgemein	größter Platzbedarf, auch für zu beleuchtende Fläche auf Kontrollpult; Skalenlänge begrenzt, evtl. Anwendung von Mehrfachzeigergeräten (schlecht)	geringerer Platzbedarf, nur kleiner Ausschnitt muss sichtbar und beleuchtet sein; bei Benutzung von Bändern für Skala längere Skalen möglich	kleinster Platzbedarf, kleinste zu beleuchtende Fläche; Skalenlänge nur durch Anzahl der Zifferntrommeln beschränkt

(siehe DIN EN 894-2)

Sehentfernung und Gesichtsfelder

Aufgaben/ Anforderung	Beispiele	Sehentfernung (Auge – Sehobjekt) in cm	Gesichtsfeld-durchmesser in cm	Bemerkungen
Feinst-arbeiten	Montage von Kleinstteilen (Uhren, elektronische Bauelemente)	12 ... 25	20 ... 40	nur im Sitzen, zum Teil mit Sehhilfen (Lupe, Mikroskop)
Feinarbeiten	Montage von Rundfunk-, Fernsehger.	25 ... 35 (meist 30 ... 32)	40 ... 60	im Sitzen oder Stehen
mittelgrobe Arbeiten	Arbeiten an Pressen, Bohrwerken, Drehmaschinen	bis 50	bis 80	im Sitzen oder Stehen
grobe Arbeiten	Verpacken, grobe Schleifarbeiten	50 ... 150	80 ... 250	meist im Stehen
Ferne	große Wandanzeigetafel, Autofahren	über 150	250	im Sitzen oder Stehen

(nach Jenik, 1995)

Arbeitswissenschaftliche Erkenntnisse zur psychischen Belastung und Beanspruchung

Psychische Belastung meint die Gesamtheit aller erfassbaren Einflüsse, die von außen auf den Menschen zukommen und auf ihn psychisch einwirken. Die psychische Beanspruchung ist die unmittelbare Auswirkung der psychischen Belastung im einzelnen Menschen als Individuum in Abhängigkeit von seinem alktuellen Zustand (vgl. DIN EN ISO 10075-1).

Entgegen dem allgemeinen Sprachgebrauch sind beide Begriffe neutral zu verstehen: So werden unter „psychischen Belastungen" sowohl (negativ verstandener) Stress als auch (positiv verstandene) Herausforderungen summiert. **Psychische Belastungen** resultieren aus der

- Arbeitsaufgabe (z. B. Handlungsspielraum, Verantwortung, Vollständigkeit; Abwechslung),
- Art und Eignung der zur Verfügung stehenden Arbeitsmittel,
- physischen Arbeitsumgebung (z. B. Arbeitsplatz, Lärm, Hitze, Kälte, Beleuchtung, Gefahrstoffe),
- sozialen Arbeitsumgebung (z. B. soz. Klima, Führung, Partizipation, berufl. Entwicklungsmöglichkeiten),
- Arbeitsorganisation (z. B. Lage und Dauer der Arbeitszeit, Pausengestaltung, Arbeitsablauf).

Auch der Begriff **psychische Beanspruchung** umfasst negative *und* positive Auswirkungen:

erleichternde/positive Effekte:
- Aktivierung und Aufwärmeffekte
- Ausbau von Fertigkeiten durch Training
- Erwerb von (neuen) Kompetenzen
- lebenslanges Lernen

beeinträchtigende/negative Effekte:
- Müdigkeit
- Monotonieerleben
- reduzierte Daueraufmerksamkeit (Vigilanz)
- psychische Sättigung
- Burnout

Der Arbeitgeber hat nach dem Arbeitsschutzgesetz (ArbSchG) anhand einer Beurteilung die für die Beschäftigten mit ihrer Arbeit verbundenen Gefährdungen zu ermitteln und ggf. notwendige Maßnahmen zu veranlassen. Auch Gefährdungen durch psychische Belastungen fallen unter diese Pflicht.

Im Internet (www.baua.de) unter der Rubrik "Themen/psychische Belastungen" oder in der Normenreihe DIN EN ISO 10075 1/2/3 können Hinweise zu möglichen kritischen Ausprägungen, dem Gefahrenpotenzial und möglichen Gestaltungsansätzen bei psychischen Belastungen entnommen werden.

Beleuchtung

Wichtige lichttechnische Begriffe:

Lichtstrom in Lumen (lm): Die gesamte von einer Lichtquelle abgestrahlte sichtbare Strahllungsleistung.

Lichtstärke in Candela (cd): Die Lichtstrahlung in einer bestimmten Richtung (Lichtstrom pro Raumwinkel).

Beleuchtungsstärke in Lux (lx): Das auf eine Fläche auftreffende Licht (Lichtstrom pro Flächeneinheit).

Leuchtdichte in cd/m^2: Fotometrisches Maß für den Helligkeitseindruck, den das Auge hat. Die Leuchtdichte ist die Lichtstärke bezogen auf die gesehene Fläche.

Anforderungen an die Beleuchtung:

Kriterien der Beleuchtungsplanung:

- Leuchtdichteverteilung, Gleichmäßigkeit
- Beleuchtungsstärke,
- Blendung,
- Lichtrichtung, Schattigkeit
- Lichtfarbe und Farbwiedergabe,
- Flimmern,
- Tageslicht.

(s. DIN EN 12665, DIN EN 12464-1 sowie DIN EN 12464-2)

Weitere Hinweise und Kenngrößen befinden sich im vorderen Teil der Datensammlung unter „Bildschirmarbeit“.

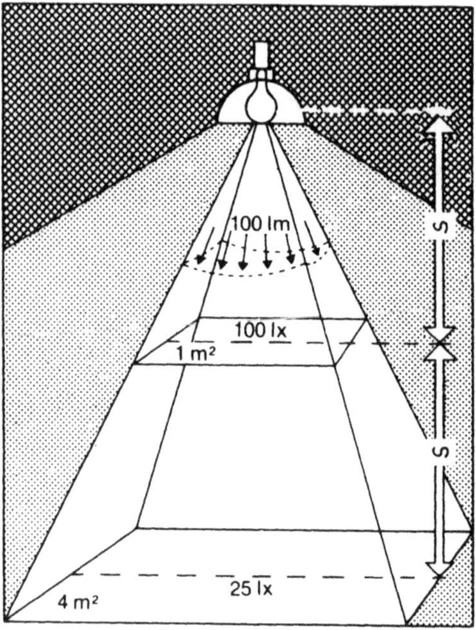

Die Beleuchtungsstärke nimmt bei divergierender Strahlung im umgekehrten Verhältnis zum Quadrat der Entfernung von der Lichtquelle ab.

Blendungsbegrenzung

Störende Blendung in Arbeitsstätten durch Leuchten und Tageslicht ist zu vermeiden, insbesondere an Arbeitsplätzen und auf Arbeitsmitteln.

In **Innenräumen** kann dies erreicht werden durch

- geeignete Sonnenschutzeinrichtungen,
- geeignete Planung der künstlichen Beleuchtung,
- geeignete Anordnung der Arbeitsplätze,
- geeignete Arbeitsmittel und ggf.,
- weitere Schutzmaßnahmen.

Bei der künstlichen Beleuchtung dürfen folgende UGR-Grenzwerte nicht überschritten werden. Die UGR-Grenzwerte werden mit Hilfe der UGR-Tabelle des eingesetzten Leuchtentyps ermittelt (UGR: Unified-Glare-Rating).

UGR-Grenzwert	Art der Arbeit
16	Sehaufgaben mit sehr hohem visuellen Anspruch bzw. besondere Art der Arbeit
19	Sehaufgaben mit hohem visuellen Anspruch
22	Sehaufgaben mit mittlerem visuellen Anspruch
25	Sehaufgaben mit geringem visuellen Anspruch
28	Sehaufgaben mit geringem visuellen Anspruch an nicht ständig besetzten Arbeitsplätzen

Zur Vermeidung von Blendung müssen folgende Mindestabschirmwinkel bei festgelegten Lampen-Leuchtdichten eingehalten werden. (Abschirmwinkel: Winkel zwischen der horizontalen Ebene und der Blickrichtung, unter der die leuchtenden Teile der Lampen in der Leuchte gerade sichtbar sind.)

(siehe DIN EN 12464-1)

Lampen-Leuchtdichte kcd/m^2	Mindestabschirm-winkel
20 bis < 50	15°
50 bis < 500	20°
≥ 500	30°

An Bildschirmarbeitsplätzen müssen weitere Anforderungen erfüllt werden.

Im **Außenraum** gelten andere Größen und Werte. Blendung, die durch Beleuchtungsanlagen im Freien erzeugt wird, dürfen bestimmte GR-Grenzwerte nicht überschreiten (Grenzwert der Blendung nach dem CIE-Glare-Rating).

Die GR-Grenzwerte für Arbeitsstätten reichen in 5er-Intervallen von

- 40 für Sehaufgaben mit hohem visuellen Anspruch bis
- 55 für Sehaufgaben mit eher geringem visuellen Anspruch.

Für mobile Arbeitsstätten und Baustellen gelten besondere Anforderungen.

Übersicht über einige Beleuchtungsanforderungen für Arbeitsstätten in Innenräumen nach DIN EN 12464-1

E_m Wartungswert der Beleuchtungsstärke (in Lux)
UGR_L Unified Glare-Rating-Grenzwerte
R_a Farbwiedergabe-Indizes

	E_m	UGR_L	R_a
Verkehrszonen und allgemeine Bereiche innerhalb von Gebäuden			
Verkehrsfläche und Fluren	100	28	40
Lagerräume	100	25	60
Versandräume	300	25	60
Garderoben, Waschräume, Bäder, Toiletten	200	25	80
Büros			
Konferenz- und Besprechungsräume	500	19	80
Schreiben, Schreibmaschineschreiben, Lesen, Datenverarbeitung	500	19	80
Ablegen, Kopieren, Verkehrszonen usw.	300	19	80
Empfangstheke	300	22	80
Technisches Zeichnen	750	16	80
CAD-Arbeitsplätze	500	19	80

	E_m	UGR_L	R_a
Elektro-Industrie			
Kabel- und Drahterstellung	300	25	80
Imprägnieren von Spulen	300	25	80
Galvanisieren	300	25	80
Montagearbeiten, grobe, z. B. große Transformatoren	300	25	80
Wickeln große Spulen	300	25	80
Wickeln mittlere Spulen	500	22	80
Montagearbeiten mittelfeine, z. B. Schalttafeln	500	22	80
Wickeln feine Spulen	750	19	80
Montagearbeiten feine	750	19	80
Montagearbeiten sehr feine, z. B. Messinstrumente	1000	16	80
Elektronikwerkstätten, Prüfen, Justieren	1500	16	80

	E_m	UGR_L	R_a
Metallbe- und verarbeitung			
Freiformschmieden	200	25	60
Gesenkschmieden	300	25	60
Schweißen	300	25	60
Grobe und mittlere Maschinenarbeiten, Toleranz ≥ 0,1 mm	300	25	60
Draht- und Rohrzieherei	300	25	60
Feine Maschinenarbeiten, Schleifen, Toleranz ≥ 0,1 mm	500	19	60
Oberflächenbearbeitung und Lackierung	750	25	80
Werkzeug-, Lehren- und Vorrichtungsbau, Präzisions- und Mikromechanik	1000	19	80

Weitere Angaben siehe DIN EN 12464-1:
„Licht und Beleuchtung – Beleuchtung von Arbeitsstätten – Teil 1: Arbeitsstätten in Innenräumen"

Beispiele für Leuchtdichten

Lichtquelle	Leuchtdichte in cd/m^2
Sonne je nach Sonnenstand	6 000 000 bis $1{,}5 \cdot 10^9$
Glühlampenwendel	2 000 000 bis 30 000 000
Glühlampe matt	20 000 bis 500 000
Leuchtstofflampe 40 W	4 000 bis 8 000
Leuchtstofflampe 100 W	12 000 bis 15 000
Weißes Papier bei 500 lx	150
Umweltschutzpapier bei 500 lx	100
blauer Himmel	5 000 und mehr
Vollmond	3 000 bis 5 000
Kerzenflammen	6 000
gleichmäßig bedeckter Himmel, mittags im Zenit:	
im Dezember	3 000
im März/September	6 000
im Juni	8 000

(nach Munker, 1979)

Beispiele für Beleuchtungsstärken

Beleuchtung	Beleuchtungsstärke in Lux	Bemerkung
klare Neumondnacht	0,01	Orientierung möglich
Licht vom Vollmond	0,24	Lesen möglich
nächtliche Straßenbeleuchtung	1 bis 50	Beginn der Farbunterscheidung
Arbeitsbeleuchtung	200 bis 2 000	
trüber Wintertag	200 bis 4 000	
Sommertag bei bedecktem Himmel	10 000 bis 30 000	
Sonnenschein am Sommermittag	bis 100 000	Absolutblendung
dabei Beleuchtung vom		
klaren Himmel	20 000	
von Sonne allein	80 000	

Beleuchtung und Sichtverbindung

(Anhang der Arbeitsstättenverordnung, Absch. 3.4)

(1) Der Arbeitgeber darf als Arbeitsräume nur solche Räume betreiben, die möglichst ausreichend Tageslicht erhalten und die eine Sichtverbindung nach außen haben.

(6) Die Beleuchtungsanlagen sind so zu auszuwählen und anzuordnen, dass dadurch die Sicherheit und die Gesundheit der Beschäftigten nicht gefährdet werden.

(7) Arbeitsstätten, in denen bei Ausfall der Allgemeinbeleuchtung die Sicherheit der Beschäftigten gefährdet werden kann, müssen eine ausreichende Sicherheitsbeleuchtung haben.

(Anhang der Arbeitsstättenverordnung
6.1 Allgemeine Anforderungen an Bildschirmarbeitsplätze)

(8) Die Beleuchtung muss der Art der Arbeitsaufgabe entsprechen und an das Sehvermögen der Beschäftigten angepasst sein; ein angemessener Kontrast zwischen Bildschirm und Arbeitsumgebung ist zu gewährleisten. Durch die Gestaltung des Bildschirmarbeitsplatzes sowie der Auslegung und der Anordnung der Beleuchtung sind störende Blendungen, Reflexionen oder Spiegelungen auf dem Bildschirm und den sonstigen Arbeitsmitteln zu vermeiden.

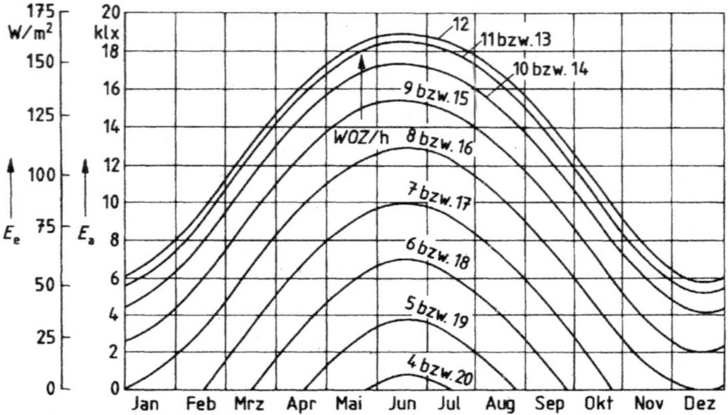

Verlauf der mittleren Horizontalbeleuchtungsstärke E_a der Tagesbeleuchtung im Freien bei gleichmäßig bedecktem Himmel für 51° nördl. Breite (WOZ; Westeuropäische Zeit, z. B. Köln) (nach DIN 5034).

Effektivtemperatur

Der Effekt verschiedener Kombinationen von Raumtemperatur, Luftfeuchtigkeit und Luftbewegung auf das Klimaempfinden des Menschen kann durch ein Klimasummenmaß beschrieben werden, in dem die verschiedenen Klimafaktoren in einer Maßzahl zusammengefasst sind.

Das bekannteste Klimasummenmaß ist die Effektivtemperatur in °C eff. Sie kann in den folgenden Nomogrammen für Personen mit normaler Kleidung (Normal-Effektivtemperatur, NET) und für Personen mit bloßem Oberkörper (Basis-Effektivtemperatur, BET) ermittelt werden.

Den Einfluss der Wärmestrahlung können diese beiden Klimasummenmaße nicht berücksichtigen. Dafür kann der WBGT-Index oder die effektive Bestrahlungsstärke nach DIN 33403 Teil 3 angewandt werden.

Nomogramm zur Ermittlung der Effektivtemperatur für Ruhe und leichte Arbeit für den bekleideten Menschen (Normal-Effektivtemperatur, NET)

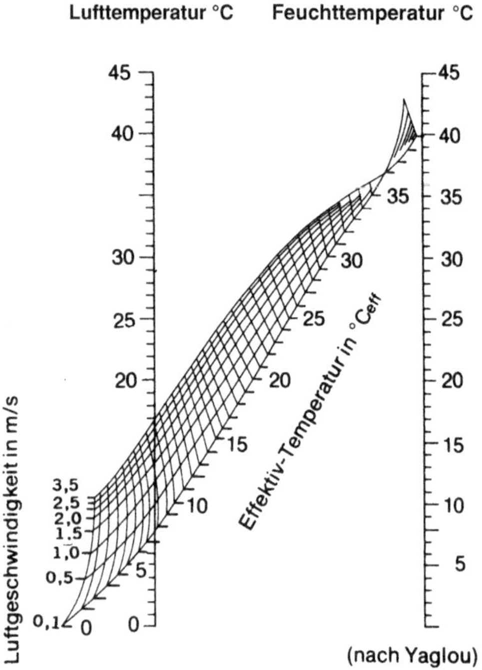

* Die Feuchttemperatur ist ein Maß für die relative Luftfeuchte (%).

Nomogramm zur Ermittlung der Effektivtemperatur für Ruhe und leichte Arbeit bei bloßem Oberkörper (Basis-Effektivtemperatur, BET)

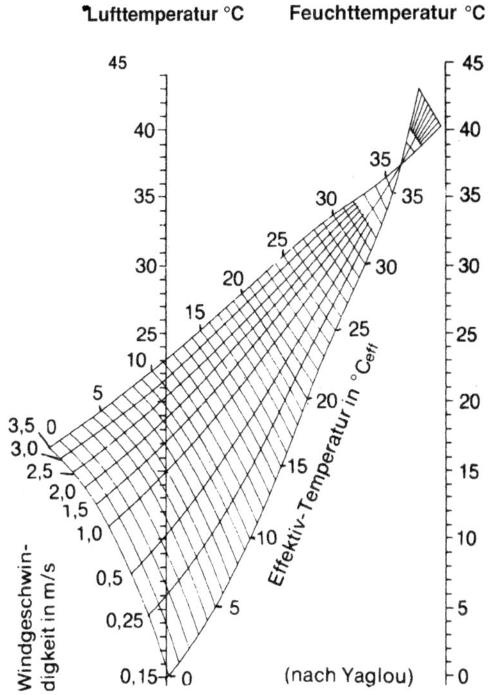

* Die Feuchttemperatur ist ein Maß für die relative Luftfeuchte (%).

Tabelle zur Ermittlung der relativen Luftfeuchtigkeit in % aus Lufttemperatur und Feuchttemperatur

Feuchttemperatur/°C	10	12	14	16	18	20	22	24	26	28	30	32	34	36	38	40
40																100
38															100	88
36														100	88	77
34													100	88	77	67
32												100	87	76	66	57
30											100	87	75	65	56	49
28										100	86	73	63	55	47	41
26									100	86	73	62	53	46	39	33
24								100	85	71	61	52	44	37	31	26
22							100	85	71	59	50	42	35	29	24	20
20						100	83	70	48	40	40	27	22	22	17	14
18					100	83	68	56	46	37	30	24	19	15	11	8
16				100	80	67	54	43	34	27	21	16	12	8	5	3
14			100	80	65	51	40	31	24	18	13	9	5	2	0	
12		100	80	62	48	37	28	21	14	9	5	2	0			
10	100	78	60	45	34	24	16	10	5	1	0					

Lufttemperatur/°C

Gesamtwärmeabgabe in Abhängigkeit von der Tätigkeit

Tätigkeitsbeispiel	Gesamtwärmeabgabe je Person Anhaltswerte in W
sitzende Tätigkeit wie Lesen und Schreiben	100
leichte Tätigkeit im Stehen, Labortätigkeit, Maschinenschreiben	150
mäßig schwere körperliche Tätigkeit	250
schwere körperliche Tätigkeit	über 360

Wärmeleitwiderstand von Bekleidung

Bekleidung	Wärmeleitwiderstand	
	R in m^2 K/kW	clo
ohne Kleidung	0	0
leichte Sommerkleidung	80	0,5
mittlere Kleidung	160	1,0
warme Kleidung	240	1,5

Anmerkung: Wärmeleitwiderstand *R* von ≈ 160 m^2 K/kW = 1 clo aus dem Englischen: clo = clothing

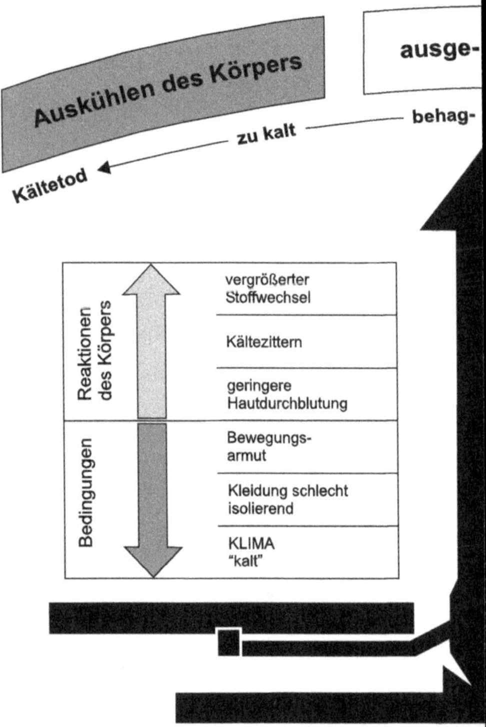

Die Körperkerntemperatur des gesunden Menschen beträgt ca. 37 °C. Sie kann nur aufrechterhalten werden, wenn die Wärmebilanz – über längere Zeit gesehen – ausgeglichen ist.

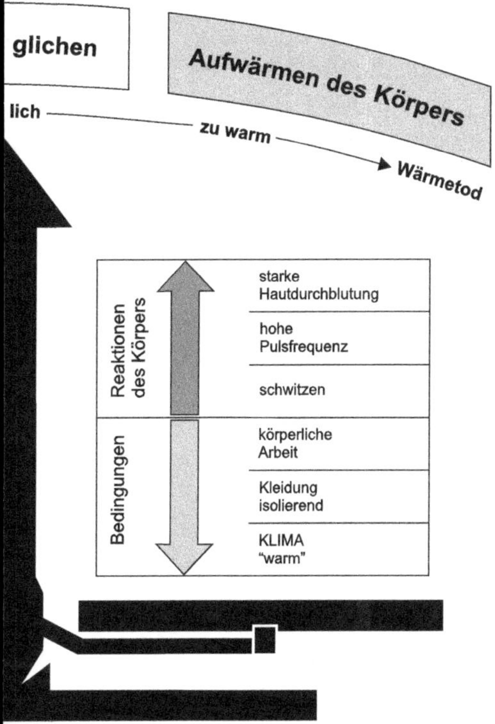

In den Summenbegriff „Klima" gehen folgende Größen ein:

Lufttemperatur
Luftfeuchte
Luftbewegung
Wärmestrahlung

Auswirkungen unterschiedlicher Intensitäten der Wärmestrahlung

Intensität der Wärme-strahlung	Wirkung bzw. Grenzwert	Beispiel für das Auftreten der Werte
40 kJ/m²h	oberer Grenzwert bei Deckenheizungen	Decke 32 bis 34 °C
120 kJ/m²h	deutliche Wärmeempfindung	2 m² Blech von 450 °C in 10 m Abstand
1.600 - 2.800 kJ/m²h	unangenehme Hitzeempfindung bei Dauereinwirkung	Ofenloch 1.200 °C 0,5 m² in 6 m Abstand
6.000 - 12.000 kJ/m²h	schmerzhafte Empfindung, nur wenige Minuten auszuhalten	Schmiedestück von 800 °C und 0,7 m² in 3 m Abstand

nach Munker, 1975

Schätzungstafel für den mittleren Energieumsatz (ohne Grundumsatz*)

Belastung durch Körperstellung bzw. Bewegung	kJ/h	kJ/min
Sitzen	60	1,0
Knien	180	3,0
Hocken	300	5,0
Stehen	150	2,5
gebückt stehen	240	4,0
Gehen	420–840	7–15

(nach Spitzer, Hettinger und Kaminsky, 1982)

* Der Grundumsatz beträgt ca. 5 kJ/min bzw. 300 kJ/h.

Schätzungstafel für den Energieumsatz bei verschiedenen Tätigkeiten (ohne Grundumsatz und ohne Zusatz durch Körperstellung)

Art der Arbeit	kJ/h	kJ/min
Handarbeit		
leicht	50 – 130	1,0 – 2,5
mittel	130 – 210	2,5 – 4,0
schwer	210 – 300	4,0 – 5,5
Einarmarbeit		
leicht	140 – 270	2,5 – 5,0
mittel	270 – 400	5,0 – 7,0
schwer	400 – 540	7,5 – 10,0
Zweiarmarbeit		
leicht	320 – 460	6,0 – 8,5
mittel	460 – 600	8,5 – 11,0
schwer	600 – 740	11,0 – 13,5
Körperarbeit		
leicht	600 – 900	11,0 – 17,0
mittel	900 – 1.350	17,0 – 25,0
schwer	1.350 – 1.900	25,0 – 35,0
sehr schwer	1.900 – 2.700	35,0 – 50,0

(nach Spitzer, Hettinger u. Kaminsky, 1982)

Beispiele zum Abschätzen des Energieumsatzes

Tätigkeit	kJ/min A	kJ/min B	Umsatz Gesamt	Tätigkeitsdauer in min	kJ je Verrichtung
Laubharken auf einer Rasenfläche (langsames Gehen, leichte Armarbeit)	7	6	13	25,0	325
Bretter mit der Hand hobeln (gebückt stehen, leichte Körperarbeit)	3	14	17	3,6	60
Gleisstopfen mit Stopfhacke (gebückt gehen, schwere Körperarbeit)	3	30	33	9,6	320

A = Umsatz durch Körperhaltung oder -bewegung
B = Umsatz durch Art der Tätigkeit

(nach Spitzer, Hettinger u. Kaminsky, 1982)

Behaglichkeitsbereiche und Erträglichkeitsgrenzen der Effektivtemperatur in Abhängigkeit von der Arbeitsschwere.

Arbeitsschwere kJ/h	Bewertung der Arbeit	Behaglichkeitsbereich in °C eff.	Zumutbarkeitsbereich in °C eff.
500–800	leicht	19–23	32–35
800–1.100	mittelschwer	16–19	29–32
1.100–1.400	schwer	14–16	19–25

aus Hettinger, 1975

Beispiele empfohlener Klimawerte

Art der Tätigkeit	Lufttemperatur °C			rel. Luftfeuchte %		Luftbewegung m/s
	Min.	Opt.	Max.	Opt.	Max.	Max.
• Büroarbeit	18	21	24	50	62	0,1
• leichte Handarbeit im Sitzen	18	20	24	50	62	0,1
• leichte Handarbeit im Stehen	17	18	22	50	70	0,2
• schwere Arbeit	15	17	21	50	70	0,4
• Schwerstarbeit	14	16	20	50	80	0,5

Anmerkung: Die Differenz zwischen Raumtemperatur und Oberflächentemperatur der umgebenden Gegenstände und Wände soll bei optimaler Klimagestaltung nicht größer als 2 °C sein.

Raumtemperaturen

(Anhang der Arbeitsstättenverordnung Abschnitt 3.5)

(1) Arbeitsräume, in denen aus betriebstechnischer Sicht keine spezifischen Anforderungen an die Raumtemperatur gestellt werden, müssen während der Nutzungsdauer unter Berücksichtigung der Arbeitsverfahren und der physischen Belastungen der Beschäftigten eine gesundheitlich zuträgliche Raumtemperatur haben.

(2) Sanitär-, Pausen- und Bereitschaftsräume, Kantinen, Erste-Hilfe-Räume und Unterkünfte müssen während der Nutzungsdauer unter Berücksichtigung des spezifischen Nutzungszwecks eine gesundheitlich zuträgliche Raumtemperatur haben.

(3) Fenster, Oberlichter und Glaswände müssen unter Berücksichtigung der Arbeitsverfahren und der Art der Arbeitsstätte eine Abschirmung gegen übermäßige Sonneneinstrahlung ermöglichen.

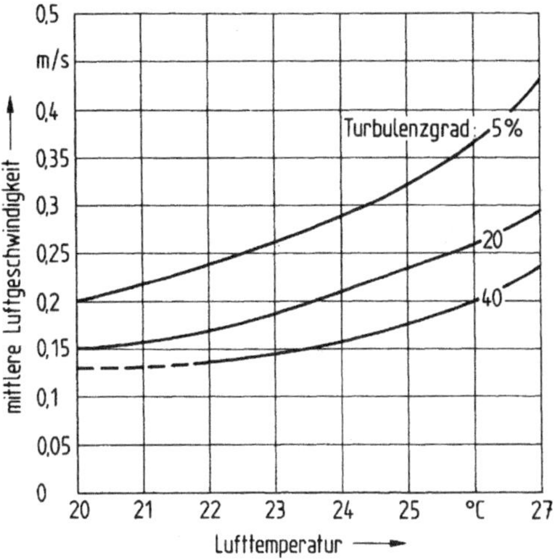

Zulässigkeitskurve für die Raumluftgeschwindigkeit in Abhängigkeit von der Raumlufttemperatur im Aufenthaltsbereich von raumlufttechnisch behandelten Räumen

Die Kurve gilt für folgenden häufig aufretenden Fall:

- Aktivitätsgrad I (sitzende Tätigkeit)
- mittlere Bekleidung,
- Lufttemperatur annähernd gleich der Oberflächentemperatur der Umschließungsflächen.

*Hinweis: Nach ASR A3.6 tritt bei Lufttemperatur 20°C, Turbulenzgrad 40%, mittlerer Luftgeschwindigkeit <0,15 m/s und leichter Arbeitsschwere kein unzumutbarer Luftzug auf.

Grundfläche und Luftraum

ArbStättV § 6 (1): Der Arbeitgeber hat solche Arbeitsräume bereitzustellen, die eine ausreichende Grundfläche und Höhe sowie einen ausreichenden Luftraum aufweisen. Anhang Anforderungen an Arbeitsstätten nach § 3 Abs. 1, Abschnitt 1.2 Abmessungen von Räumen, Luftraum.

(1) Arbeitsräume, Sanitär-, Pausen- und Bereitschaftsräume, Kantinen, Erste-Hilfe-Räume und Unterkünfte müssen eine ausreichende Grundfläche und eine, in Abhängigkeit von der Größe der Grundfläche der Räume, ausreichende lichte Höhe aufweisen, so dass die Beschäftigten ohne Beeinträchtigung ihrer Sicherheit, ihrer Gesundheit oder ihres Wohlbefindens die Räume nutzen oder ihre Arbeit verrichten können.

(2) Die Abmessungen der Räume richten sich nach der Art ihrer Nutzung.

(3) Die Größe des notwendigen Luftraumes ist in Abhängigkeit von der Art der physischen Belastung und der Anzahl der Beschäftigten sowie der sonstigen anwesenden Personen zu bemessen.

Bewährt haben sich die folgenden Richtwerte: Arbeitsräume sollten eine Grundfläche von mindestens 8,00 m^2 haben. Die Höhe von Arbeitsräumen sollte sich an der Grundfläche orientieren.

Als Richtmaße gelten

- bei einer Grundfläche von nicht mehr als 50 m^2 mindestens 2,50 m,
- bei einer Grundfläche zwischen 50 m^2 und 100 m^2 mindestens 2,75 m,
- bei einer Grundfläche zwischen 100 m^2 und 2000 m^2 mindestens 3,00 m,
- bei einer Grundfläche von mehr als 2000 m^2 mindestens 3,25 m.

In Arbeitsräumen sollten für jeden ständig anwesenden Beschäftigten Mindestlufträume in Anlehnung an die folgende Tabelle vorhanden sein:

Luftraum und Luftrate, abhängig von der Arbeitsschwere

Art der körperlichen Arbeit	**Luftraum** in m^3 je Pers.		**Luftrate** in m^3/h je Pers.	
	Min	Empf.	Min	Empf.
sehr leicht	12	15	30	45
leicht	12	18	35	53
mittel	15	23	50	75
schwer	18	27	60	90

(nach Koch, zit. bei Valentin et al., 1971)

Vibrationen

Zur Vermeidung von Gefährdungen durch Vibrationen liegen EU-Mindestvorschriften (Richtlinien 2002/42/EG) vor, die durch die LärmVibrations-ArbSchV in nationales Recht umgesetzt werden. Die zugehörigen Technischen Regeln (TRLV Vibrationen, www.baua.de/trlv) geben den Stand der Technik und gesicherte arbeitswissenschaftliche Erkenntnisse zum Schutz der Beschäftigten wieder und konkretisieren die Anforderungen der LärmVibrationsArbSchV.

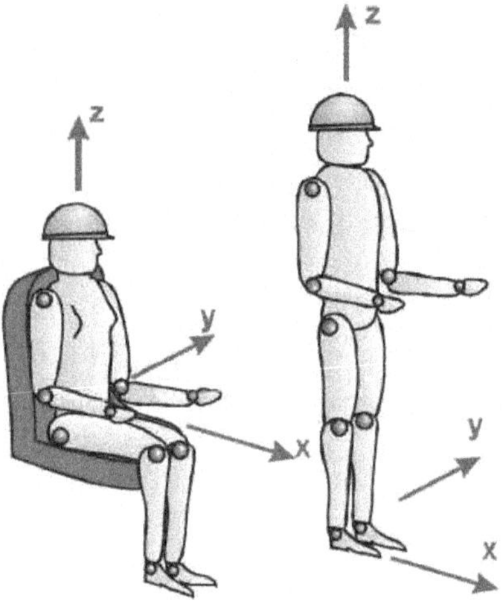

Personenbezogenes Koordinatensystem für die Einwirkung von Ganzkörper-Vibrationen (TRLV Vibrationen – Teil Allgemeines)

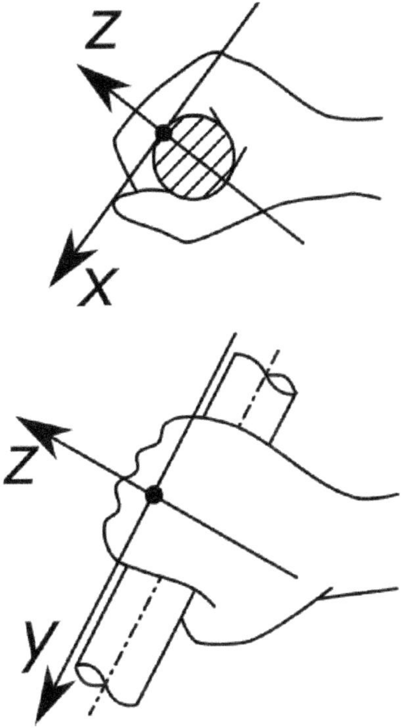

Personenbezogenes Koordinatensystem für die Einwirkung von Hand-Arm-Vibrationen (TRLV Vibrationen – Teil Allgemeines)

Gemäß der LärmVibrationsArbSchV muss das Ausmaß der Exposition anhand der Berechnung des Tages-Vibrationsexpositionswertes A (8) bewertet werden (über einen Tag gemittelte Arbeitsdauer von 8 h). Zur Beurteilung der Gefährdung durch Vibrationen wird zwischen zwei Schwellenwerten unterschieden. Auslösewerte zielen darauf hin, das Entstehen von vibrationsbedingten Beschwerden und Erkrankungen präventiv zu vermeiden. Expositionsgrenzwerte hingegen kennzeichnen Ausmaße der Exposition gegenüber Vibrationen, oberhalb derer bei langjähriger Einwirkung mit gesundheitlichen Schädigungen zu rechnen ist.

Im Folgenden werden die Expositionswerte und daraus abzuleitende Maßnahmen dargestellt (Hinweise zur Berechnung siehe **LärmVibrationsArbSchV**).

Hand-Arm-Vibrationen:

- Vibrations- bzw. Schwingungsgesamtwert maßgeblich (alle drei Messrichtungen)
- Auslösewert: A(8) = 2,5 m/s^2
- Expositionsgrenzwert: A(8) = 5 m/s^2

Ganzkörper-Vibrationen:

- höchster Wert der frequenzbewerteten Beschleunigung der drei Messrichtungen maßgeblich (hierfür Multiplikation der Werte für horizontale Achsen x, y mit Korrekturfaktor von 1,4)
- Beurteilung horizontaler und vertikaler Schwingungen getrennt vornehmen

- Auslösewert: A(8) = 0,5 m/s^2
- Expositionsgrenzwert für vertikale Richtung: A(8) = 0,8 m/s^2
- Expositionsgrenzwert für horizontale Richtungen: A(8) = 1,15 m/s^2

Einfaches Verfahren zur Gefährdungsbeurteilung

Weiterführende Festlegungen zur Messung und Beurteilung enthalten die Technische Regeln zu Vibrationen (TRLV Vibrationen Teil 1).

Hand-Arm-Vibration

1. Bestimmung der Punktwerte P_E für Hand-Arm-Vibration (Auszug) anhand der Tabelle „Bestimmung Punktwerte Hand-Arm-Vibrationen“ [nach TRLV Vibrationen] (siehe nächste Seite). Bei Nutzung von Emissionswerten von Herstellern sollte dieser Wert mit einem Korrekturfaktor (siehe Anhang der TRLV Vibrationen Teil 1) multipliziert werden.
2. Bei mehreren Schwingungseinwirkungen (Benutzung von zwei oder mehr Maschinen oder Arbeitsprozessen an einem Tag) kann der Punktwert P_{Etot} der Gesamt-Schwingungsbelastung infolge aller Teilbelastungen durch einfache Addition der Punktwerte P_{Ei} jeder betrachteten Schwingungswirkung *i* bestimmt werden.
3. Ermittlung der erforderlichen Maßnahmen durch den Arbeitgeber aufgrund der Hand-Arm-Vibrationsbelastung anhand der Tabelle „Maßnahmen Hand-Arm-Vibrationsbelastung“ (siehe übernächste Seite).

Tabelle: Bestimmung Punktwerte Hand-Arm-Vibration

ÄSG	Expositionszeit *T*									
	0,1 h	0,2 h	0,5 h	1 h	2 h	3 h	4 h	5 h	6 h	8 h
	6 min	12 min	30 min	60 min	120 min	180 min	240 min	300 min	360 min	480 min
2,5	1	3	6	13	25	38	50	63	75	100
3	2	4	9	18	36	54	72	90	108	144
3,5	2	5	12	25	49	74	98	123	147	196
4	3	6	16	32	64	96	128	160	192	256
4,5	4	8	20	41	81	122	162	203	243	324
5	5	10	25	50	100	150	200	250	300	400
5,5	6	12	30	61	121	182	242	303	363	484
6	7	14	36	72	144	216	288	360	432	576
6,5	8	17	42	85	169	254	338	423	507	676
7	10	20	49	98	196	294	392	490	588	784
7,5	11	23	56	113	225	338	450	563	675	900
8	13	26	64	128	256	384	512	640	768	1024
9	16	32	81	162	324	486	648	810	972	1296
10	20	40	100	200	400	600	800	1000	1200	1600
11	24	48	121	242	484	726	968	1210	1452	1936
12	29	58	144	288	576	864	1152	1440	1728	2304
12,5	31	63	156	313	625	938	1250	1563	1875	2500
15	45	90	225	450	900	1350	1800	2250	2700	3600
17,5	61	123	306	613	1225	1838	2450	3063	3675	4900
20	80	160	400	800	1600	2400	3200	4000	4800	6400
25	125	250	625	1250	2500	3750	5000	6250	7500	10000
30	180	360	900	1800	3600	5400	7200	9000	10800	14400

ÄSG = Äquivalenter Schwingungsgesamtwert [in m/s^2]

Tabelle: Maßnahmen Hand-Arm-Vibrationsbelastung

Punktwert $P_{E\,tot}$ der Gesamtschwingungsbelastung	Tagesschwingungsbelastung A(8)	Expositionsbereich	Erforderliche Maßnahmen durch den Arbeitgeber
$P_{E\,tot} \leq 100$	$A(8) = 2{,}5\ m/s^2$	Auslösewert nicht überschritten	Beschäftigte informieren und über die Gefahren durch Vibrationen unterweisen.
$100 < P_{E\,tot} \leq 400$	$2{,}5\ m/s^2 < A(8) \leq 5\ m/s^2$	Über dem Auslösewert, aber Expositionsgrenzwert nicht überschritten	Vibrationsminderungsprogramm aufstelln und durchführen. Beschäftigten Angebotsvorsorge entsprechend ArbMedVV anbieten.
$400 < P_{E\,tot}$	$5\ m/s^2 < A(8)$	Über dem Expositionsgrenzwert	Sofort Maßnahmen ergreifen, Ursachenermittlung einleiten und Überschreitung vermeiden. Pflichtvorsorge entsprechend ArbMedVV ist vor Aufnahme der Tätigkeit und in regelmäßigen Abständen zu veranlassen.

Ganzkörper-Vibration

1. Ausgangsgrößen zur Bestimmung der Tagesexposition sind die Effektivwerte der frequenzbewerteten Beschleunigung in den drei Schwingungsrichtungen x, y und z und die zugehörige Einwirkungsdauer T_e. Bei Ganzkörper-Schwingungen sind jedoch die für die Schwingungsrichtung z einerseits und die Schwingungsrichtungen x und y andererseits unterschiedlichen Expositionsgrenzwerte zu beachten. Zusätzlich ist zu beachten, dass bei den Schwingungsrichtungen x und y der für das Kriterium Gesundheit geltende Faktor 1,4 für die frequenzbewertete Beschleunigung berücksichtigt werden muss.
2. Bestimmung der Punktwerte P_E für Ganzkörper-Vibration (Auszug) anhand der Tabelle „Bestimmung Punktwerte Ganzkörper-Vibration" [nach TRLV Vibrationen Teil 1]:

Tabelle: Bestimmung Punktwerte Ganzkörper-Vibration

ÄSG	Expositionszeit *T*									
	0,1 h	0,2 h	0,5 h	1 h	2 h	3 h	4 h	5 h	6 h	8 h
	6 min	12 min	30 min	60 min	120 min	180 min	240 min	300 min	360 min	480 min
0,45	1	2	5	10	20	30	41	51	61	81
0,5	1	3	6	13	25	38	50	63	75	100
0,55	2	3	8	15	30	45	61	76	91	121
0,6	2	4	9	18	36	54	72	90	108	144
0,65	2	4	11	21	42	63	85	106	127	169
0,7	2	5	12	25	49	74	98	123	147	196
0,75	3	6	14	28	56	84	113	141	169	225
0,8	3	6	16	32	64	96	128	160	192	256
0,85	4	7	18	36	72	108	145	181	217	289
0,9	4	8	20	41	81	122	162	203	243	324
0,95	5	9	23	45	90	135	181	226	271	361
1,00	5	10	25	50	100	150	200	250	300	400
1,05	6	11	28	55	110	165	221	276	331	441
1,10	6	12	30	61	121	182	242	303	363	484
1,15	7	13	33	66	132	198	265	331	397	529
1,20	7	14	36	72	144	216	288	360	432	576
1,25	8	16	39	78	156	234	313	391	469	625
1,30	8	17	42	85	169	254	338	423	507	676
1,35	9	18	46	91	182	273	365	456	547	729
1,40	10	20	49	98	196	294	392	490	588	784
1,45	11	21	53	105	210	315	421	526	631	841
1,50	11	23	56	113	225	338	450	563	675	900
1,55	12	24	60	120	240	360	481	601	721	961

ÄSG = Äquivalenter Schwingungsgesamtwert [in m/s^2]

3. Bei mehreren Schwingungseinwirkungen kann der Punktwert $P_{E\,tot}$ der Gesamt-Schwingungsbelastung durch einfache Addition der Punktwerte P_{Ei} bestimmt werden.
4. Ermittlung der erforderlichen Maßnahmen durch den Arbeitgeber aufgrund der Ganzkörper-Vibrationsbelastung anhand der Tabelle „Maßnahmen Ganzkörper-Vibrationsbelastung“ (siehe nächste Seite).

Interferenzen (störende Auswirkung auf korrektes Handhaben von Bedienelementen oder Ablesen von Anzeigen) und indirekte Gefährdungen (nachteilige Auswirkungen auf Stabilität der Strukturen oder die Festigkeit von Verbindungen) müssen ebenfalls berücksichtigt werden.

Tabelle: Maßnahmen Ganzkörper-Vibrationsbelastung

Schwingungsrichtung *z*		Schwingungsrichtungen *x, y* (inkl. Faktor 1,4)			
Punktwert der Gesamt-schwingungs-belastung	**Tages-exposition A(8)**	**Punktwert der Gesamt-schwingungs-belastung**	**Tages-exposition A(8)**	**Expositions bereich**	**Erforderliche Maßnahmen durch den Arbeitgeber**
$P_{E\,tot} \leq 100$	$A(8) = 0{,}5\ m/s^2$	$P_{E\,tot} \leq 100$	$A(8) = 0{,}5\ m/s^2$	Auslösewert nicht überschritten	**A**
$100 < P_{E\,tot} \leq 256$	$0{,}5\ m/s^2 < A(8) \leq 0{,}8\ m/s^2$	$100 < P_{E\,tot} \leq 529$	$0{,}5\ m/s^2 < A(8) \leq 1{,}15\ m/s^2$	Über dem Auslösewert, aber Expositions-grenzwert nicht überschritten	**B**
$P_{E\,tot} > 256$	$A(8) > 0{,}8\ m/s^2$	$P_{E\,tot} > 529$	$A(8) > 1{,}15\ m/s^2$	Expositions-grenzwert überschritten	**C**

A: Beschäftigte informieren und über die Gefahren durch Vibration unterweisen.

B: Vibrationsminderungsprogramm aufstellen und durchführen. Den Beschäftigten eine Angebotsvorsorge entsprechend ArbMedVV anbieten.

C: Sofort Maßnahmen ergreifen und Überschreitung vermeiden! Pflichtvorsorge entsprechend ArbMedVV ist vor Aufnahme der Tätigkeit und in regelmäßigen Abständen zu veranlassen.

Anhaltswerte für Schwingbeschleunigung in Gebäuden, die möglichst unterschritten werden sollten, nach Anforderungsarten (nach TRLV Teil 1)

Einwirkungsort	in x-, y-, z-Richtung jeweils	
	a_{we} in m/s^2	A(8) in m/s^2
Erholungsräume, Ruheräume, Sanitätsräume (evtl. auch Aufenthaltsräume)	0,01	
Arbeitsplätze mit hohen Anforderungen an die Feinmotorik (z. B. Forschungslabor)	0,015	
Arbeitsplätze mit überwiegend geistiger Tätigkeit (z. B. Schaltwarten, Büroräume)		0,015
Arbeitsbereiche mit erhöhter Aufmerksamkeit (z. B. Werkstätten)		0,04
Arbeitsbereiche mit einfachen oder überwiegend mechanischen Tätigkeiten		0,08
Sonstige Arbeitsbereiche		0,15

a_{we} = Schwingbeschleunigung während der Einwirkungsdauer
A(8) = gemittelt über einen 8h-Tag

Empfehlungen zur Vermeidung und Verringerung der Exposition durch Vibrationen

- alternative schwingungsarme Arbeitsverfahren
- bei Auswahl und Einsatz neuer oder bereits vorhandener Arbeitsmittel Emissionskennwerte aus technischen Unterlagen (Betriebsanleitung u. a.) sichten und bevorzugt schwingungsarme und ergonomische Geräte unter Berücksichtigung der jeweiligen Tätigkeit auswählen

- Wartungsprogramme für Arbeitsmittel, Arbeitsplätze und Anlagen sowie Fahrbahnen
- schwingungsarme Gestaltung und Einrichtung der Arbeitsstätten (z. B. Fahrbahnunebenheiten ausbessern) und Arbeitsplätze (z. B. Schwingsitze)
- stumpfe Werkzeuge instand setzen oder nicht mehr verwenden
- Schwingsitze auf Fahrzeugen auf grundsätzliche Eignung für betreffende Fahrzeuggruppe und ordnungsgemäßen Zustand prüfen
- Beschäftigte auf Möglichkeiten der Sitzeinstellungen hinweisen und in richtige Einstellung unterweisen
- Fahrgeschwindigkeiten den Fahrbahnverhältnissen anpassen
- Begrenzung der Dauer und Intensität der Exposition
- Arbeitszeitpläne mit ausreichenden Zeiten ohne belastende Exposition

Schall/Lärm

Die Verhinderung von Beeinträchtigungen des Hörvermögens sowie mittelbare oder unmittelbare Gefährdungen von Sicherheit und Gesundheit der Beschäftigten durch Lärm, werden in der Lärm- und Vibrations-Arbeitsschutzverordnung vom 7. März 2007 geregelt. Die Verringerung von Lärmwirkungen bei Schalldurckpegeln unterhalb einer Gehörgefährdung ist in der Arbeitsstättenverordnung geregelt.

Begriffe, Messverfahren

L_p: Schalldruckpegel in dB. Das zwanzigfache des logarithmischen Verhältnisses des Schalldruckes (p) zum Referenz- Schalldruck (p_o) an der Hörschwelle

$L = 20 \lg p/p_o = 10 \lg p^2/p_o^2$ dB mit der Schallintensität $I \sim p^2$

L_{pA}: Schalldruckpegel in dB(A). Ein frequenzabhängig bewerteter Schallpegel. Die Bewertung erfolgt nach der A-Bewertungskurve, die etwa der frequenzabhängigen Empfindung des menschlichen Gehörs für Sinustöne im unteren Pegelbereich entspricht.

L_{pAS}, L_{pAF}, L_{pAI} (der Index p entfällt häufig!): Schalldruckpegel in dB(A), gemessen mit der Frequenzbewertung A und der Zeitbewertung „Slow“, „Fast“, „Impuls“ (DIN EN 61672-1).

$L_{pASeq} = L_{pAFeq} = L_{pAeq}$: A-bewerteter äquivalenter Dauerschallpegel der Zeitbewertung „Slow“, und „Fast“ (DIN 45645-1); bei der Schallpegel-Mittelung werden nicht die Pegel, sondern die Schallintensitäten I (mit $I \sim p^2$) addiert.

Addition von Schallpegeln

a) zwei Schallquellen unterschiedlichen Schalldruckpegels

Ist der Unterschied zwischen zwei zu addierenden Schalldruckpegeln (ΔL) größer als 10 dB, kann der Einfluss des kleineren Pegels vernachlässigt werden.

Sind die beiden zu addierenden Schalldruckpegel gleich groß ($\Delta L = 0$), so liegt die Summe der Pegel 3 dB über diesem Pegel.

b) mehrere Schallquellen gleicher Schalldruckpegel

Anzahl Schallquellen	Pegelzunahme ΔL
2	3 dB
3	5 dB
10	10 dB
20	13 dB

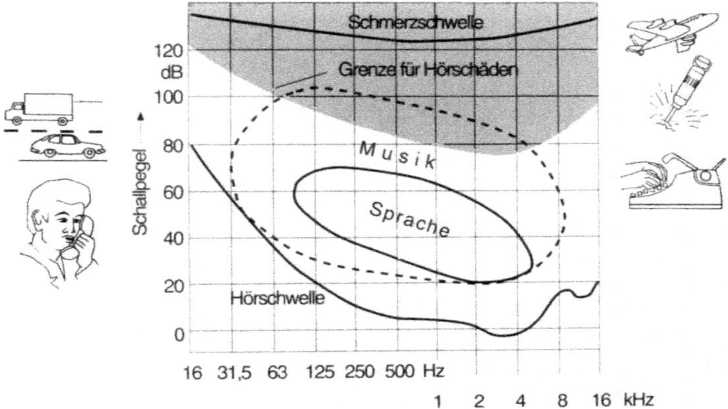

Hörfläche des menschlichen Ohrs, begrenzt durch die Hörschwelle für Sinustöne ohrgesunder junger Personen sowie durch die Schmerzgrenze und die Grenze für eine Gefährdung des Gehörs. Zusätzlich angegeben ist der Pegel-Frequenz-Bereich von Sprache und Musik, so wie dieser am Ohr des Hörers auftritt.

Geräuschimmission/Lärmexposition

L_{Ar}: Beurteilungspegel in dB(A). Größe zur Kennzeichnung der typischen Schalleinwirkung (Schallimmission) für eine Tätigkeit. Er ergibt sich nach DIN 45645-2 aus dem äquivalenten Dauerschallpegel der Tätigkeit unter Berücksichtigung von Zuschlägen für die Impuls-, Ton- und Informationshaltigkeit des Geräusches.

$L_{EX,8h}$: Tages-Lärmexpositionspegel in dB(A). Der Tages-Lärmexpositionspegel kennzeichnet die Wirkungen von Lärm auf das menschliche Gehör und die Gesundheit. Er ergibt sich nach DIN EN ISO 9612 aus der über einen repräsentativen Arbeitstag mit der Arbeitszeit T gemittelten Geräuschimmission gemessen als L_{pAeq} bezogen auf den Zeitraum von acht Stunden.

$$L_{EX,8h} = L_{pAeq,T} + 10 \lg T/8h$$

$L_{EX,40h}$: Wochen-Lärmexpositionspegel in dB(A). Er kann unter bestimmten, in der LärmVibrationsArbSchV festgelegten Bedingungen, nach ausdrücklicher Genehmigung der zuständigen Behörde zur Bewertung der Lärmbelästigung von Beschäftigten verwendet werden. Er ergibt sich zu:

$$L_{EX,40h} = L_{pAeq,T} + 10 \lg T/40h$$

$L_{pC,peak}$: Spitzenschalldruckpegel in dB(C). Er ist der Pegel des höchsten Schalldrucks innerhalb des Messzeitraums und dient zur Erfassung und Beurteilung potentiell akut Gehör gefährdender Schallimpulse.

Mithörschwelle in dB oder dB(A): Schalldruckpegel eines akustischen Signals, bei dem dieses Signal neben vorhandenen Störgeräuschen gerade noch mitgehört wird.

Anforderungen an akustische Gefahrensignale

(nach DIN EN ISO 7731)

- Das akustische Gefahrensignal ist hörbar, wenn die Mithörschwelle um mindestens 10 dB in ein oder mehr Oktaven überschritten wird.
- Das Gefahrensignal soll sich mindestens in zwei der akustischen Parameter (Pegel, Frequenz, Zeitverlauf) von anderen Signalen und Geräuschen unterscheiden.
- Der A-Schalldruckpegel des Signals muss den des Störschalls um 15 dB überschreiten.

Sprachverständlichkeit (SV) und A-bewerteter Signal-Geräusch-Abstand $\varnothing L_A$

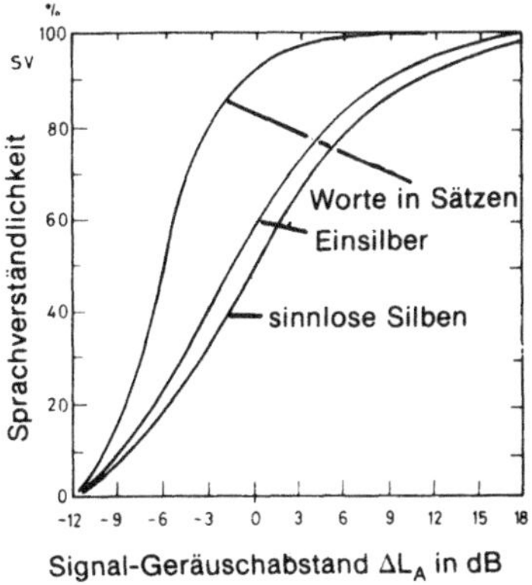

Eine befriedigende/gute Sprachverständlichkeit kann angenommen werden, wenn die Verständlichkeit von Einsilbern bei 70 %/90 % liegt. Davon ist bei einem Geräuschabstand von ΔL_A = 2 dB/10 dB auszugehen.

Bei den Sprechweisen entspannt, normal, angehoben, laut sprechen, schreien, treten Sprechpegel in 1 m Abstand vom Sprechermund von L_{SA} = 55 bis 85 dB auf, der Sprechpegel der normalen Sprechweise liegt bei ca. L_{SA} = 60 dB.

(DIN EN ISO 9921, Lazarus et al 1985)

Geräuschemission

L_{WA}: A-bewerteter Schallleistungspegel in dB(A). Die von einer Schallquelle (z. B. Maschine) unter definierten Betriebsbedingungen pro Zeiteinheit abgestrahlte Schallenergie. Im freien Schallfeld gilt

$$L_{WA} = \overline{L}_{pA} + 10 \lg \left(\frac{S}{1\ m^2}\right) dB(A)$$

$\overline{L}_{pA}$: Messflächenschalldruckpegel in dB(A). Energetischer Mittelwert der an den einzelnen Messpunkten um die Maschine herum gemessenen Schalldruckpegel.

S: Flächeninhalt in m^2 der die Schallquelle umhüllenden Messfläche, auf der die Messpunkte liegen. Die Messfläche ist meist quader- oder halbkugelförmig mit ungefähr 1 m Abstand von der Maschinenoberfläche.

L_{pA}: Emissionsschalldruckpegel in dB(A), Schalldruckpegel am Arbeitsplatz einer Maschine, der nur durch das Geräusch dieser Maschine gegeben ist.

Die Messverfahren für den Schallleistungspegel sind in den Normen DIN EN ISO 3740-3747, oder DIN EN ISO 9614 Teil 1 bis Teil 3, bzw. für den Emissionsschalldruckpegel in DIN EN ISO 11201 bis 11205 festgelegt.

Geräuschemissionsangaben von Maschinen:

Entsprechend den Anforderungen der Maschinenrichtlinie (2006/42/EG) müssen Maschinenhersteller in der Betriebsanleitung und in Werbebroschüren mit technischen Daten zur Maschine Angaben zur Geräuschemission liefern.

Beispiel für eine Geräuschemissionsangabe nach DIN EN ISO 4871

Maschinen-Bezeichnung xxx **Leistungsdaten, Betriebsbedingungen**		
Angegebener Zweizahl-Geräuschemissionswert nach DIN EN ISO 4871		
	Leerlauf	Last
A-bewerteter Schallleistungspegel L_{WA} in dB re 1 pW	94	98
Unsicherheit K_{WA} in dB	2	2
A-bewerteter Emissions-Schalldruckpegel L_{pA} in dB re 20 µPa am Bedienplatz	80	86
Unsicherheit K_{pA} in dB	2	2
Die Werte wurden ermittelt nach der Geräuschtestnorm DIN EN 13023 unter Anwendung der Grundnormen DIN EN ISO 3744 und DIN EN ISO 11204 (Die Zahlenwerte und die bis auf die DIN EN ISO 4871 genannten Normen dienen nur als Beispiel!)		

Stand der Lärmminderungstechnik für Maschinen

Die Werte für die Geräuschemission (Geräuschangabe) aller Maschinen einer Art sind der Ist-Zustand der Geräuschemission (Beispiel: Abrichthobelmaschinen, Messerwellenlänge > 400 mm, nach VDI 3740-2):

Abrichthobelmaschinen	Leerlauf	Bearbeitung
Schallleistungspegel L_{WA}		
kleinster	82 dB(A)	92 dB(A)
mittlerer	94 dB(A)	100 dB(A)
großer	102 dB(A)	105 dB(A)

Der Stand der Lärmminderungstechnik wird nur von Maschinen mit vergleichsweise niedrigen Geräuschemissionswerten eingehalten, zum Beispiel, wenn die Schallleistungspegel deutlich unter den mittleren Werten der Tabelle liegen (94 bzw. 100 dB(A)).

Lärmminderung in flachen Arbeitsräumen

(große Büroräume, Werkhallen)

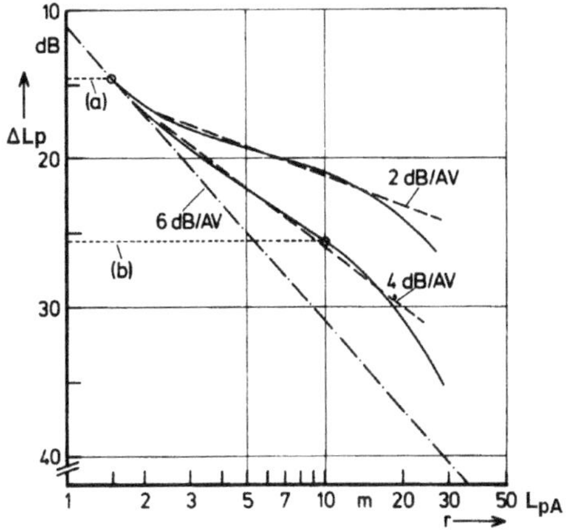

Der Schalldruckpegel (L_{pA}) am Arbeitsplatz ergibt sich aus dem Schallleistungspegel (L_{WA}), der Quelle und der sich aus der Entfernung r (Abstand Quelle-Arbeitsplatz) ergebenden Pegeldifferenz ΔL zu $L_{pA} = L_{WA} - \Delta L$.

Je nach Schallabsorption liegt – im Bereich zwischen 5 und 20 m von der Schallquelle entfernt – die Pegelabnahme je Abstandsverdopplung (AV) bei 2 dB/AV (schwach absorbierende Decke), 4 dB/AV (stark absorbierende Decke und Einrichtungen) und 6 dB/AV (im Freien).

Beispiel: der A-Schallleistungspegel der Maschine ist 100 dB(A); in 1,5 m Abstand beträgt der Schalldruckpegel L_{pA} = 86 dB(A), in 10 m Abstand beträgt er bei einer schalltechnisch schlechten Halle 79 dB(A) bzw. guten Halle 74 dB(A).

Der Stand der Lärmminderungstechnik verlangt eine mittlere Schalldruckpegelabnahme von mindestens 4 dB pro AV.

Nachhallzeit

Die Nachhallzeit T in Sekunden (s) ist die Zeitspanne, in der der Schallpegel nach Abschalten der Schallquelle um 60 dB(A) abfällt.

T ist umso kleiner, je mehr Raumflächen schallabsorbierend sind.

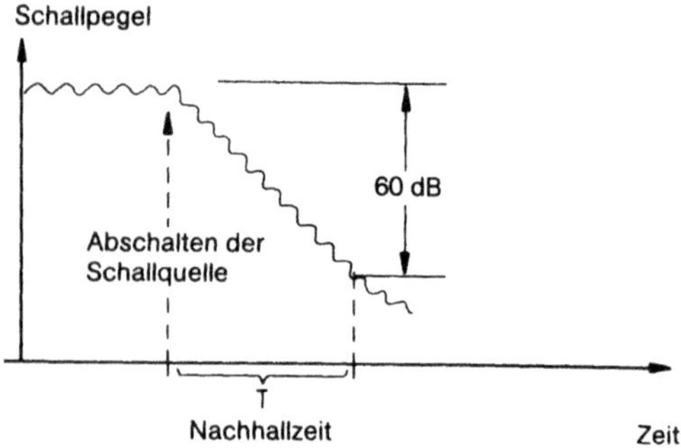

Gute Konzertsäle haben eine Nachhallzeit T von 1,5 bis 2,2 s, in Vortragsräumen liegt sie zwischen 0,7 und 1,0 s, im Büro sollen die T-Werte 0,4 bis 0,8 s nicht übersteigen. In Fabrikhallen sollen diese nicht über 1 bis 2 s liegen.

Hinweise zu akustischen Anforderungen und Planungsrichtlinien zur Sicherung der Hörsamkeit für die Sprachkommunikation sind einschließlich der dazu erforderlichen Maßnahmen in der DIN 18041 niedergelegt.

Schalldämmung

R: Das mittlere Schalldämmmaß R_m in dB ist ein arithmetischer Mittelwert (Logarithmus des Verhältnisses der durchgelassenen zur auftreffenden Schallintensität) im Frequenzbereich 100 Hz bis 3.150 Hz (16 Terzen).

Abhängigkeit der Schalldämmung von der Flächendichte einer Wand (nach H. Munker, 1979)

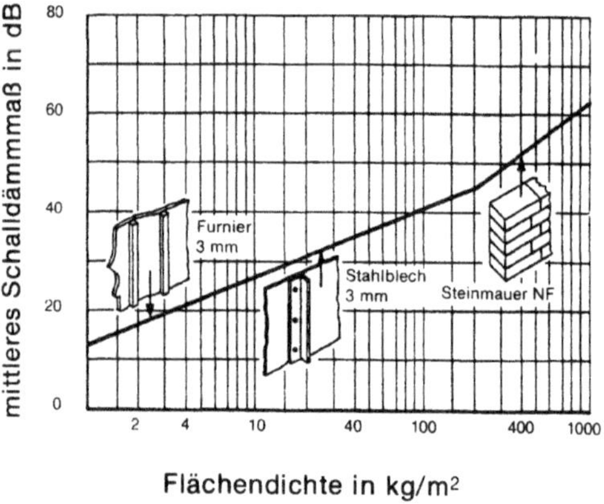

Geräuschminderung durch sekundäre Maßnahmen und Gehörschutz

Wände: (Schmidt 1996)

einschalige Wand	R = 25–50 dB
Tür	R = 15–25 dB
Verbundfenster (VDI 2719)	R = 20–30 dB

Kapseln:

Schalldämmende Matten	ΔL_A = 3–10 dB
einschalige Kapsel	ΔL_A = 5–25 dB
zweischalige Kapsel	ΔL_A = 20 dB

Schallschirme: (VDI 2720-2)

In Werkhallen (Schirmhöhe/ Raumhöhe 0,3–0,5)	ΔL_A = 4–10 dB
in Großraumbüros (Schirmhöhe 1,3–2,2)	ΔL_A = 4– 9 dB

Gehörschutz: (DGUV Regel 112-194)

Gehörschutzwatte	ΔL_A = 5–20 dB
Stöpsel	ΔL_A = 10–25 dB
Kapsel	ΔL_A = 5–30 dB

Grenzwerte/Richtwerte von Schallpegel für Arbeitsplätze, Arbeitsräume, Aufenthaltsräume, Maschinen

Beeinträchtigung Tätigkeit/Raumart Maschine	**Arbeitsplatz:** Tages-Lärmexpositionspegel ($L_{EX,8h}$) Schalldruckpegel (L_{pAeq}) Spitzenschalldruckpegel ($L_{pC,peak}$) **Maschine:** Emissionsschalldruckpegel (L_{pA}) Schallleistungspegel (L_{WA})	**Vorschrift**
Allgemeiner Grundsatz:	– der Schallpegel soll so niedrig wie technisch möglich sein, – Geräuschangaben von Maschinen verlangen und leiseste auswählen. – es sollte ein $L_{pAeq} \leq 70$ dB(A) am Arbeitsplatz in der Fertigung angestrebt werden – Gefährdungsbeurteilung durchführen, ob Beschäftigte Lärm ausgesetzt sind	
	$L_{EX,8h}$ (≥)* > **80 dB(A)** $L_{pC,peak}$ (≥)* > **135 dB(C)**	LärmVibrationsArbSchV
	– Gehörschutz zur Verfügung stellen, Angebot für Gehörvorsorgeuntersuchung – *Informations- und Unterweisungspflicht	
Gesundheit, insbes. Gehörgefährdung und Unfallgefährdung	$L_{EX,8h}$ (≥)* > **85 dB(A)** $L_{pC,peak}$ (≥)* > **137 dB(C)**	Technische Regeln zur LärmVibrationsArbSchV
	– *Lärmbereiche kennzeichnen, – Lärmminderungsprogramm durchführen	DIN EN ISO 11690-1
	– *Gehörschutz tragen, – *Pflicht zur arbeitsmedizinischen Gehörvorsorgeuntersuchung – Werte sind auch die maximal zulässigen Expositionswerte bei der Auswahl und Anwendung von Gehörschutz	

Einfache und überwiegend mechanisierte Bürotätigkeiten, z. B. Disponieren	nicht überschreiten: anstreben:	L_{Ar} = 70 dB(A) L_{Ar} = 60 dB(A)	ASR A3.7 VDI 2058-3 DIN EN ISO 11690-1
Überwiegend geistige Tätigkeiten (hohe Konzentration, gute Sprachverständlichkeit), z. B. Entwerfen, Korrigieren schwieriger Texte	nicht überschreiten: anstreben:	L_{Ar} = 55 dB(A) L_{Ar} = 40 dB(A)	
	anzustrebende Hintergrundgeräusche:		
Büros: Sitzungsräume: Unterrichtsräume: Bibliotheken:	L_{pAeq} = 30-45 dB(A) L_{pAeq} = 30-35 dB(A) L_{pAeq} = 30-40 dB(A) L_{pAeq} = 30-40 dB(A)		VDI 2569 VDI 2719 DIN 4109 DIN 18041 DIN EN ISO 11690-1 und 11690-2
	Geräuschemissionsangabe		
Für Maschinen sind anzugeben:	Wenn L_{pA} > 80 dB(A) ist anzugeben: Schallleistungspegel L_{WA} = … dB(A) Emissionsschalldruckpegel L_{pA} = … dB(A)		Maschinen-Richtlinie 2006/42/EG „Outdoor"-Richtlinie 2000/14/EG
	Wenn L_{pA} > 70 dB(A) ist nur der Emissionsschalldruckpegel anzugeben		Produktsicherheitsgesetz (9. ProdSV)

Regelwerke zur Ergonomie (Auswahl)

(es gilt jeweils die neueste Ausgabe)

Normblätter und VDI-Richtlinien können bezogen werden beim:

Beuth Verlag GmbH Burggrafenstraße 6 10787 Berlin	Telefon 030/2601-0 Telefax 030/2601-1260

sowie bei:

TÜV Media GmbH Am Grauen Stein 51105 Köln	Telefon 0221/806-3524 Telefax 0221/806-3510

DIN EN ISO 6385	Grundsätze der Ergonomie für die Gestaltung von Arbeitssystemen

Anthropometrie, Körpermaße

DIN 33402-1	Körpermaße des Menschen – Begriffe, Meßverfahren
DIN 33402-2	Körpermaße des Menschen – Werte
DIN 33402-2 Beiblatt 1	Körpermaße des Menschen – Werte; Anwendung von Körpermaßen in der Praxis
DIN 33408-1	Körperumrißschablonen für Sitzplätze
DIN 33408-1 Beiblatt 1	Körperumrißschablonen für Sitzplätze – Anwendungsbeispiele

Arbeitsmittel, Arbeitsplätze

EG-Richtl. 2006/42 (Maschinen-richtlinie)	Richtlinie des europäischen Parlamentes und des Rates vom 17. Mai 2006 über Maschinen und zur Änderung der Richtlinie 95/16/EG; Ersatz für 89/37/EG
EG-Richtl. 2009/127	Richtlinie des Europäischen Parlamentes und des Rates vom 21. Oktober 2009 zur Änderung der Richtlinie 2006/42/EG betreffend Maschinen zur Ausbringung von Pestiziden

EG-Richtl. 89/391 (nat. Umsetzung im ArbSchG)	Richtlinie über die Durchführung von Maßnahmen des Arbeitsschutzes zur Verbesserung der Sicherheit und des Gesundheitsschutzes der Beschäftigten bei der Arbeit
EG-Richtl. 89/654 (nat. Umsetzung in der ArbStättV)	Richtlinie des Rates vom 30. November 1989 über Mindestvorschriften für Sicherheit und Gesundheitsschutz in Arbeitsstätten
EG-Richtl. 90/270 (nat. Umsetzung in der ArbStättV)	Richtlinie des Rates vom 29. Mai 1990 über die Mindestvorschriften bezüglich der Sicherheit und des Gesundheitsschutzes bei der Arbeit an Bildschirmgeräten
DIN 4556	Büromöbel - Fußstützen für den Büroarbeitsplatz - Anforderungen und Prüfverfahren
DIN 68877-1	Industrie-Arbeitsstuhl – Maße, Bestimmung der Maße
DIN 68877-2	Industrie-Arbeitsstuhl – Sicherheitsanforderungen und Prüfverfahren
DIN EN 131-1	Leitern – Benennungen, Bauarten, Funktionsmaße
DIN EN 131-2	Leitern – Anforderungen, Prüfung, Kennzeichnung
DIN EN 349	Sicherheit von Maschinen – Mindestabstände zur Vermeidung des Quetschens von Körperteilen
DIN EN 527-1	Büromöbel – Büro-Arbeitstische – Maße
DIN EN 527-2	Büromobel – Büro-Arbeitstische –Anforderungen an die Sicherheit, Festigkeit und Dauerhaltbarkeit
DIN EN 547-1	Sicherheit von Maschinen – Körpermaße des Menschen – Grundlagen zur Bestimmung von Abmessungen für Ganzkörper-Zugänge an Maschinenarbeitsplätzen

DIN EN 547-2	Sicherheit von Maschinen – Körpermaße des Menschen – Grundlagen für die Bemessung von Zugangsöffnungen
DIN EN 547-3	Sicherheit von Maschinen – Körpermaße des Menschen – Körpermaßdaten
DIN EN 894-1	Sicherheit von Maschinen – Ergonomische Anforderungen an die Gestaltung von Anzeigen und Stellteilen; Allgemeine Leitsätze für Benutzer – Interaktion mit Anzeigen und Stellteilen
DIN EN 894-2	Sicherheit von Maschinen – Ergonomische Anforderungen an die Gestaltung von Anzeigen und Stellteilen – Anzeigen
DIN EN 894-3	Sicherheit von Maschinen – Ergonomische Anforderungen an die Gestaltung von Anzeigen und Stellteilen – Stellteile
DIN EN 1335-1	Büromöbel – Büro-Arbeitsstuhl, Maße; Bestimmung der Maße
DIN EN 1335-2	Büromöbel – Büro-Arbeitsstuhl, Sicherheitsanforderungen
DIN EN 1335-3	Büromöbel – Büro-Arbeitsstuhl, Prüfverfahren
DIN EN 12529	Räder und Rollen – Möbelrollen – Rollen für Drehstühle – Anforderungen
DIN EN 29241-2	Ergonomische Anforderungen für Bürotätigkeiten mit Bildschirmgeräten – Anforderungen an die Arbeitsaufgaben
DIN EN ISO 6385	Grundsätze der Ergonomie für die Gestaltung von Arbeitssystemen
DIN EN ISO 9241-1	Ergonomische Anforderungen für Bürotätigkeiten mit Bildschirmgeräten – Allgemeine Einführung
DIN EN ISO 9241-5	Ergonomische Anforderungen für Bürotätigkeiten mit Bildschirmgeräten – Anforderungen an Arbeitsplatzgestaltung und Körperhaltung

DIN EN ISO 9241-6	Ergonomische Anforderungen für Bürotätigkeiten mit Bildschirmgeräten – Leitsätze für die Arbeitsumgebung
DIN EN ISO 9241-11	Ergonomie der Mensch-System-Interaktion-Gebrauchstauglichkeit: Begriffe und Konzepte
DIN EN ISO 9241-13	Ergonomische Anforderungen für Bürotätigkeiten mit Bildschirmgeräten – Benutzerführung
DIN EN ISO 9241-14	Ergonomische Anforderungen für Bürotätigkeiten mit Bildschirmgeräten – Dialogführung mittels Menüs
DIN EN ISO 9241-15	Ergonomische Anforderungen für Bürotätigkeiten mit Bildschirmgeräten – Dialogführung mittels Kommandosprachen
DIN EN ISO 9241-16	Ergonomische Anforderungen für Bürotätigkeiten mit Bildschirmgeräten – Dialogführung mittels direkter Manipulation
DIN EN ISO 9241-110	Ergonomie der Mensch-System-Interaktion – Grundsätze der Dialoggestaltung
DIN EN ISO 9241-125	Ergonomie der Mensch-System-Interaktion – Empfehlungen zur visuellen Informationsdarstellung
DIN EN ISO 9241-400	Ergonomie der Mensch-System-Interaktion – Grundsätze und Anforderungen für physikalische Eingabegeräte
DIN EN ISO 9241-410	Ergonomie der Mensch-System-Interaktion – Gestaltungskriterien für physikalische Eingabegeräte
DIN EN ISO 9241-420	Ergonomie der Mensch-System-Interaktion – Auswahlverfahren für physikalische Eingabegeräte
DIN EN ISO 10075-1	Ergonomische Grundlagen bezüglich psychischer Arbeitsbelastung – Allgemeines und Begriffe

DIN EN ISO 10075-2	Ergonomische Grundlagen bezüglich psychischer Arbeitsbelastung – Gestaltungsgrundsätze
DIN EN ISO 10075-3	Ergonomische Grundlagen bezüglich psychischer Arbeitsbelastung – Grundsätze und Anforderungen an Verfahren zur Messung und Erfassung psychischer Arbeitsbelastung
DIN EN ISO 12100	Sicherheit von Maschinen - Allgemeine Gestaltungsleitsätze; Risikobeurteilung und Risikominderung
DIN EN ISO 13857	Sicherheit von Maschinen - Sicherheits abstände gegen das Erreichen von Gefährdungsbereichen mit den oberen und unteren Gliedmaßen
DIN EN ISO 14738	Sicherheit von Maschinen - Anthropometrische Anforderungen an die Gestaltung von Maschinenarbeitsplätzen

Beleuchtung

DIN 5034-1	Tageslicht in Innenräumen – Allgemeine Anforderungen
DIN 5034-2	Tageslicht in Innenräumen; Grundlagen
DIN 5034-3	Tageslicht in Innenräumen – Berechnung
DIN 5034-5	Tageslicht in Innenräumen – Messung
DIN 5035-3	Beleuchtung mit künstlichem Licht – Beleuchtung im Gesundheitswesen
DIN 5035-6	Beleuchtung mit künstlichem Licht; Messung und Bewertung
DIN 5035-8	Beleuchtung mit künstlichem Licht – Arbeitsplatzleuchten; Anforderungen, Empfehlungen und Prüfung
DIN 5039	Licht, Lampen, Leuchten – Begriffe, Einteilung

DIN 6169-1	Farbwiedergabe; Allgemeine Begriffe
DIN 6169-2	Farbwiedergabe; Farbwiedergabe-Eigenschaften von Lichtquellen in der Beleuchtungstechnik
DIN EN 12464-1	Licht und Beleuchtung – Beleuchtung von Arbeitsstätten – Arbeitsstätten in Innenräumen
DIN EN 12464-2	Licht und Beleuchtung – Beleuchtung von Arbeitsstätten – Arbeitsplätze im Freien
DIN EN 12665	Licht und Beleuchtung – Grundlegende Begriffe un Kriterien für die Festlegung von Anforderungen an die Beleuchtung
VDI 6011 Blatt 1	Optimierung von Tageslichtnutzung und künstlicher Beleuchtung – Grundlagen
VDI 6011 Blatt 2	Optimierung von Tageslichtnutzung und künstlicher Beleuchtung – Dachoberlichter

Klima, Lüftung

DIN 4108-2	Wärmeschutz und Energie-Einsparung in Gebäuden – Mindestanforderungen an den Wärmeschutz
DIN 33403-2	Klima am Arbeitsplatz und in der Arbeitsumgebung – Einfluß des Klimas auf den Wärmehaushalt des Menschen
DIN 33403-3	Klima am Arbeitsplatz und in der Arbeitsumgebung – Beurteilung des Klimas im Warm- und Hitzebereich auf der Grundlage ausgewählter Klimasumenmaße
DIN 33403-5	Klima am Arbeitsplatz und in der Arbeitsumgebung – Ergonomische Gestaltung von Kältearbeitsplätzen
DIN EN 12792	Lüftung von Gebäuden – Symbole, Terminologie und graphische Symbole

DIN EN ISO 7730	Ergonomie der thermischen Umgebung – Analytische Bestimmung und Interpretation der thermischen Behaglichkeit durch Berechnung des PMV- und des PPD-Indexes und Kriterien der lokalen thermischen Behaglichkeit

Lärm

LärmVibrations-ArbSchV	Lärm- und Vibrations-Arbeitschutz-verordnung
TRLV Lärm	Technische Regel zur Lärm- und Vibrations-Arbeitsschutzverordnung
ArbStättV	Verordnung über Arbeitsstätten – Anhang A3.7
ASR A3.7	Technische Regeln für Arbeitsstätten Lärm
EG-Richtl. 2006/42 Maschinenrichtlinie	Richtlinie des europäischen Parlamentes – und des Rates vom 17. Mai 2006 über Maschinen und zur Änderung der Richtlinie 95/16/EG; Ersatz für 89/37/EG
DGUV Regel 112-194	Benutzung von Gehörschützern
DIN 4109	Normenreihe: Schallschutz im Hochbau
DIN 18041	Hörsamkeit in Räumen - Anforderungen, Empfehlungen und Hinweise für die Planung
DIN 45645-1	Ermittlung von Beurteilungspegeln aus Messungen – Geräuschimmissionen in der Nachbarschaft
DIN 45645-2	Ermittlung von Beurteilungspegeln aus Messungen – Ermittlung des Beurteilungs-pegels am Arbeitsplatz bei Tätigkeiten unterhalb des Pegelbereiches der Gehör-gefährdung

DIN EN ISO 3744	Akustik – Bestimmung der Schallleistungs- und Schallenergiepegel von Geräuschquellen aus Schalldruckmessungen – Hüllflächenverfahren der Genauigkeitsklasse 2 für ein im Wesentlichen freies Schallfeld über einer reflektierenden Eben
DIN EN ISO 4871	Akustik – Angabe und Nachprüfung von Geräuschemissionswerten von Maschinen und Geräten
DIN EN ISO 9612	Akustik – Bestimmung der Lärmexposition am Arbeitsplatz – Verfahren der Genauigkeitsklasse 2
DIN EN ISO 11204	Akustik – Geräuschabstrahlung von Maschinen und Geräten – Bestimmung von Emissions-Schalldruckpegeln am Arbeitsplatz und an anderen festgelegten Orten unter Anwendung exakter Umgebungskorrekturen
DIN EN ISO 11690-1	Akustik – Richtlinien für die Gestaltung lärmarmer maschinenbestückter Arbeitsstätten – Allgemeine Grundlagen
DIN EN ISO 11690-2	Akustik – Richtlinien für die Gestaltung lärmarmer maschinenbestückter Arbeitsstätten – Lärmminderungsmaßnahmen
DIN EN ISO 9921	Ergonomie – Beurteilung der Sprachkommunikation
VDI 2058 Blatt 2	Beurteilung von Lärm hinsichtlich Gehörgefährdung
VDI 2058 Blatt 3	Beurteilung von Lärm am Arbeitsplatz unter Berücksichtigung unterschiedlicher Tätigkeiten
VDI 2081 Blatt 1	Geräuscherzeugung und Lärmminderung in Raumlufttechnischen Anlagen
VDI 2569	Schallschutz und akustische Gestaltung im Büro

VDI 2719	Schalldämmung von Fenstern und deren Zusatzeinrichtungen
VDI 2720 Blatt 1	Schallschutz durch Abschirmung im Freien
VDI 2720 Blatt 2	Schallschutz durch Abschirmung in Räumen
VDI 3740 Blatt 2	Emissionskennwerte technischer Schallquellen; Holzbearbeitungsmaschinen; Hobelmaschinen für einseitige Bearbeitung

Schwingungen

LärmVibrations-ArbSchV	Lärm und Vibrations-Arbeitsschutzverordnung
TRLV Vibrationen	Technische Regel zur Lärm- und Vibrations-Arbeitsschutzverordnung
DIN EN 14253	Mechanische Schwingungen - Messung und rechnerische Ermittlung der Einwirkung von Ganzkörper-Schwingungen auf den Menschen am Arbeitsplatz im Hinblick auf seine Gesundheit - Praxisgerechte Anleitung
DIN EN ISO 5349-1	Mechanische Schwingungen – Messung und Bewertung der Einwirkung von Schwingungen auf das Hand-Arm-System des Menschen – Allgemeine Anforderungen
VDI 2057 Blatt 1	Einwirkung mechanischer Schwingungen auf den Menschen; Ganzkörper-Schwingungen
VDI 2057 Blatt 2	Einwirkung mechanischer Schwingungen auf den Menschen; Hand-Arm-Schwingungen
VDI 2057 Blatt 3	Einwirkung mechanischer Schwingungen auf den Menschen; Ganzkörperschwingungen an Arbeitsplätzen in Gebäuden

Literatur zur Ergonomie (Auswahl)

BENZ, C., GROB, R., HAUBUER, P.:
Gestaltung von Bildschirmarbeitsplätzen.
Köln: TÜV-Verlag GmbH 1983

BGHW-Kompakt Sitz-Kassenarbeitsplätze M 86
DGUV Information 208-002 (bisher BGI 532-1)
Stand: Oktober 2015

BLAHA, F. (HRSG.):
Der Mensch am Bildschirmarbeitsplatz: Ein Handbuch über Recht, Gesundheit und Ergonomie.
Wien: Springer Verlag 1995

BODMANN, H. W., EBERBACH, K., LESZCYNSKA, H.:
Lichttechnische und ergonomische Gütekriterien der Einzelplatzbeleuchtung im Büro.
Schriftenreihe der BAuA (Fb 712).
Bremerhaven: Wirtschaftsverlag NW 1996

BULLINGER, H.-J., SOLF, J. J.:
Ergonomische Arbeitsmittelgestaltung;
I Systematik.
II Handgeführte Werkzeuge, Fallstudien.
III Stellteile an Werkzeugmaschinen, Fallstudien.
Bremerhaven: Wirtschaftsverlag NW 1979

BUNDESANSTALT FÜR ARBEITSSCHUTZ UND ARBEITSMEDIZIN:
Arbeitsstätten – Verordnung und Richtlinien.
Bremerhaven: Wirtschaftsverlag NW (jeweils neueste Auflage)

BUNDESANSTALT FÜR ARBEITSSCHUTZ UND ARBEITSMEDIZIN:
Ratgeber zur Ermittlung gefährdungsbezogener Arbeitsschutzmaßnahmen im Betrieb.
Schriftenreihe der BAuA (Sonderschrift 42).
Bremerhaven: Wirtschaftsverlag NW 1998

DEUTSCHE GESETZLICHE UNFALLVERSICHERUNG (DGUV):
Bildschirm- und Büroarbeitsplätze. Leitfaden für die Gestaltung,
DGUV Information 215-410. 09/2015

DEUTSCHE GESETZLICHE UNFALLVERSICHERUNG (DGUV):
Büroraumplanung, DGUV Information 215-441. Köln: Carl-Heymanns 09/2009

DEUTSCHE GESETZLICHE UNFALLVERSICHERUNG (DGUV):
DGUV Regel 108-005 - Arbeiten in Verkaufsstellen
(bisher: BGR 202)
Köln: Carl Heymanns 09/2006

DEUTSCHE GESETZLICHE UNFALLVERSICHERUNG (DGUV):
Gehörschutz, DGUV Information 212-024
(bisher: BGI/GUV-I 5024)
Köln: Carl Heymanns 03/2011

DEUTSCHE LICHTTECHNISCHE GESELLSCHAFT E. V. (LiTG)
Burggrafenstraße 6
10787 Berlin
verschiedene Publikationen unter www.litg.de

DZIDA, W., HOFMANN, B., FREITAG, R., REDTENBACHER, W., BAGGEN, R., GEIS, T., BEIMEL, J., ZURHEIDEN, C., HAMPE-NETELER, W., HARTWIG, R., PETERS, H.:
Gebrauchstauglichkeit von Software.
Schriftenreihe der BAuA (Fb 921).
Bremerhaven: Wirtschaftsverlag NW 2001

GEDLICH, J.:
Der Bildschirmarbeitsplatz: Handbuch zur Planung, Realisierung und Beurteilung ergonomisch eingerichteter Bildschirmarbeitsplätze.
Schriftenreihe Zentralblatt für Arbeitsmedizin, 2. überarbeitete Auflage.
Heidelberg: Dr. Curt Haefner Verlag GmbH 1998

GRANDJEAN, E.:
Physiologische Arbeitsgestaltung; Leitfaden der Ergonomie.
Landsberg: ecomed 1991

GUTZMANN, C., KIRCHNER, J.-H., WOLBERG, K.:
Europäische Normen zur Ergonomie: Bestandsaufnahme und Systematisierung (KAN-Bericht 7).
Sankt Augustin: VFA 1996

HAHNE, H.:
Tageslicht und Sonnenschutz im Büro.
Schriftenreihe der BAuA (Quartbroschüre)
Dortmund 2001

HARTMANN, E.:
Optimale Beleuchtung am Arbeitsplatz.
Ludwigshafen: Friedrich Kiehl Verlag GmbH 1977

HARTMANN, E., BUSER, A.:
Einflüsse der Beleuchtung mit Leuchtstofflampen am Arbeitsplatz.
Schriftenreihe der BAuA (Fb 624).
Bremerhaven: Wirtschaftsverlag NW 1992

HETTINGER, TH.:
Belastungen des Menschen am Arbeitsplatz
Betriebsärztliches 1 (1975)

HETTINGER, TH., KAMINSKY, G., SCHMALE, H.:
Ergonomie am Arbeitsplatz.
Ludwigshafen: Kiehl Verlag 1980

HETTINGER, TH., WOBBE, G. (HRSG.):
Kompendium der Arbeitswissenschaft: Optimierungsmöglichkeiten zur Arbeitsgestaltung und Arbeitsorganisation.
Ludwigshafen: Kiehl Verlag 1993

INSTITUT FÜR ANGEWANDTE ARBEITSWISSENSCHAFT E.V.:
Arbeitsgestaltung in Produktion und Verwaltung.
Köln: Wirtschaftsverlag Bachem 1989

IWA-F. RIEHLE GMBH & CO.:
(Schablonen, Körperumrissschablonen)
Gottlieb-Wolfer-Str. 6, 73770 Denkendorf, Tel. 0711/34688-0

JANSEN, G.:
Kompendium der Arbeitsmedizin.
Köln: TÜV-Verlag GmbH 1982

JENIK, P.:
Pracovni prostor (Arbeitsraum)
Prag 1995

JÜRGENS, H. W.
Erhebung anthropometischer Maße zur Aktualisierung der DIN 33402 Teil 2
Schriftenreihe der BAuA (Fb 1023).
Bremerhaven: Wirtschaftsverlag NW 2004

JÜRGENS, H. W., HELBIG, K., KOPKA, TH.:
Funktionsgerechte Körperumrissschablonen.
Ergonomics 2 (1975)

KIRCHNER, J.-H., BAUM, E.:
Ergonomie für Konstrukteure und Arbeitsgestaltung.
München: Hanser Verlag 1990

KIRCHNER, J.-H., ROHMERT, W.:
Ergonomische Leitregeln zur menschengerechten Arbeitsgestaltung.
München: Carl Hanser Verlag 1974

LAURIG, W.:
Grundzüge der Ergonomie, Erkenntnisse und Prinzipien.
4. Auflage.
Köln: Beuth Verlag GmbH 1992

LAZARUS, H.:
Lärmschutz an Maschine und Arbeitsplatz (KAN-Bericht 8).
Sankt Augustin: VFA 1996

LAZARUS, H., LAZARUS-MAINKA, G., SCHUBEIUS, M.:
Sprachliche Kommunikation unter Lärm.
Ludwigshafen: F. Kiehl Verlag 1985

MIL-STD 1472
U.S.-Army Clinic Command 1969.
Human Engineering Design Criteria for Military Systems, Equipment and Facilities.
Philadelphia: Naval Publications and Form Center

MÜLLER, B. H.:
Ergonomie – Bestandteil der Sicherheitswissenschaft.
Berlin: Beuth Verlag 1997

MUNKER, H.:
Grundlagen und Messungen der Grundgrößen des Klimas.
Betriebsärztliches 1 (1975)

MUNKER, H.:
Umgebungseinflüsse am Büroarbeitsplatz – Beleuchtung, Klima, Akustik im Bürobereich.
Köln: TÜV-Verlag GmbH 1979

RICHENHAGEN, G.:
Bildschirmarbeitsplätze: Mehr Arbeitsschutz am Computer; 2. erweiterte Auflage
Neuwied: Luchterhand Verlag 1996

RICHENHAGEN, G., PRÜMPER, J. W., WAGNER, J.:
Handbuch der Bildschirmarbeit: mit einer Kommentierung der neuen BildscharbV
Neuwied: Luchterhand Verlag – Medienkombination

RICHTER, G.:
Psychische Belastung und Beanspruchung: Stress, psychische Ermüdung, Monotonie, psychische Sättigung.
Schriftenreihe der BAuA (Fa 36).
Bremerhaven: Wirtschaftsverlag NW 2000

ROHMERT, W., LANDAU, K.:
Arbeitswissenschaftliches Erhebungsverfahren zur Tätigkeitsanalyse (AET).
Bern, Stuttgart, Wien: Verlag Hans Huber 1979

SCHÄFER, P., ÇAKIR, A.:
Normung im Bereich Bildschirmarbeit (KAN-Bericht 16).
Sankt Augustin: VFA 1997

SCHIRMER, W. (HRSG.):
Technischer Lärmschutz.
Düsseldorf: VDI Verlag 1996

SCHMIDT, H.:
Schalltechnisches Taschenbuch.
Düsseldorf: VDI Verlag 1996

SCHMIDTKE, H. (HRSG.):
Ergonomie.
München: Carl Hanser Verlag 1992

SCHMIDTKE, H., RÜHMANN, H.-P.:
Ergonomische Gestaltung von Steuerständen.
Bremerhaven: Wirtschaftsverlag NW 1979

SCHNAUBER, H.:
Arbeitswissenschaft.
Braunschweig, Wiesbaden: Verlag Freid. Vieweg & Sohn 1979

SCHULTETUS, W.:
Montagegestaltung – Daten, Hinweise und Beispiele zur ergonomischen Arbeitsgestaltung.
Köln: TÜV-Verlag GmbH 1980

SEIDLER, A., EULER, U., LETZEL, S., NOWAK, D.:
Gesunde Gestaltung von Büroarbeitsplätzen – Arbeitsmedizinisches Aspekte, Physikalische Einflussfaktoren, Gefahrstoffexposition, Organisationsformen. ecomed MEDIZIN. Landsberg am Lech 2015

SPITZER, H., HETTINGER, TH., KAMINSKY, G.:
Tafeln für den Energieumsatz bei körperlicher Arbeit.
Köln, Berlin: Beuth Verlag GmbH 1982

STEINBERG, U., WINDBERG, H.-J.:
Leitfaden Sicherheit und Gesundheitsschutz bei der manuellen Handhabung von Lasten: Empfehlung für den Praktiker.
Schriftenreihe der BAuA (S 43).
Bremerhaven: Wirtschaftsverlag NW 1997

TECHNISCHE REGELN FÜR BETRIEBSSICHERHEIT:
Gefährdungen an der Schnittstelle Mensch – Arbeitsmittel, Ergonomische und menschliche Faktoren (TRBS 1151)
Ausgabe: 10/2007

VALENTIN, H., KLOSTERKÖTTER, W., LEHNERT, G., PETRY, H., RUTENFRANZ, J., WITTGENS, H.:
Arbeitsmedizin: Ein kurzgefasstes Lehrbuch für Ärzte und Studenten. Stuttgart: Thieme Verlag 1971
WENZEL, H. G., PIEKARSKI, C.:
Klima und Arbeit.
München: Bayerisches Staatsministerium für Arbeit und Sozialordnung 1982

WITTIG, T.:
Ergonomische Untersuchung alternativer Büro- und Bildschirmarbeitsplatzkonzepte.
Schriftenreihe der BAuA (Fb 878).
Bremerhaven: Wirtschaftsverlag NW 2000

Stichwörter

Berufsverband der Datenschutzbeauftragten Deutschlands (BvD) e. V. (Hrsg.)

Datenschutz – Eine Vorschriftensammlung

5. Auflage 2018
Print: DIN A6, broschiert: Best.-Nr. 60340
22,80 EUR
E-Book: PDF, Dateigröße: 3,21 MB

Datenschutz

Datenschutz – Eine Vorschriftensammlung

Die Textsammlung „Datenschutz" ist ein handliches Nachschlagewerk für alle, die sich mit dem neuen Datenschutzrecht beschäftigen müssen.

Neben der Europäischen Datenschutzverordnung (DSGV) und dem Bundesdatenschutzgesetz (BDSG) liefert sie eine akribische Zusammenstellung von Datenschutz-Regeln aus über 60 nationalen Gesetzen und Vorschriften.

Ebenfalls enthalten ist die EU-Datenschutzgrundverordnung (EU-DSGVO) die ab 2018 angewendet wird.

Mengenstaffelpreise:

ab 10 Expl.: 20,52 EUR
ab 20 Expl.: 18,24 EUR
ab 50 Expl.: 17,10 EUR
ab 100 Expl.: 15,96 EUR

Infos und Leseprobe unter

www.tuev-media.de/datenschutzvorschriften

TÜV Media GmbH
Tel. +49 221 806-3511
Fax +49 221 806-3510
www.tuev-media.de

TÜVRheinland®
Genau. Richtig.